과학공화국
생물법정

5
식물

과학공화국 생물법정 5
식물

ⓒ 정완상, 2007

초판 1쇄 발행일 | 2007년 5월 31일
초판 20쇄 발행일 | 2023년 5월 1일

지은이 | 정완상
펴낸이 | 정은영
펴낸곳 | (주)자음과모음

출판등록 | 2001년 11월 28일 제2001-000259호
주소 | 10881 경기도 파주시 회동길 325-20
전화 | 편집부 (02)324-2347, 경영지원부 (02)325-6047
팩스 | 편집부 (02)324-2348, 경영지원부 (02)2648-1311
e-mail | jamoteen@jamobook.com

ISBN 978-89-544-1390-9 (04470)

과학공화국 생물법정
생물

5
식물

정완상(국립 경상대학교 교수) 지음

|주|자음과모음

생활 속에서 배우는 기상천외한 과학 수업

생물과 법정, 이 두 가지는 전혀 어울리지 않는 소재들입니다. 그리고 여러분에게 제일 어렵게 느껴지는 말들이기도 하지요. 그럼에도 불구하고 이 책의 제목에는 '생물법정'이라는 말이 들어 있습니다. 그렇다고 이 책의 내용이 아주 어려울 거라고 생각하지는 마세요.

저는 법률과는 무관한 과학을 공부하는 사람입니다. 하지만 '법정'이라고 제목을 붙인 데에는 이유가 있습니다.

이 책은 우리의 생활 속에서 일어나는 여러 가지 재미있는 사건을 다루고 있습니다. 그리고 과학적인 원리를 이용해 사건들을 차근차근 해결해 나간답니다. 그런데 크고 작은 사건들의 옳고 그름을 판단하기 위한 무대가 필요했습니다. 바로 그 무대로 법정이 생겨나게 되었답니다.

왜 하필 법정이냐고요? 요즘에는 〈솔로몬의 선택〉을 비롯하여 생활 속에서 일어나는 사건들을 법률을 통해 재미있게 풀어 보는 텔레비전 프로그램들이 많습니다. 그리고 그 프로그램들이 재미없다고 느껴지지도 않을 겁니다. 사건에 등장하는 인물들이 우스꽝스럽고, 사건을 해결하는 과정도 흥미진진하기 때문입니다. 〈솔로몬의 선택〉이 법률 상식을 쉽고 재미있게 얘기하듯이, 이 책은 여러분의 생물 공부를 쉽고 재미있게 해 줄 것입니다.

여러분은 이 책을 읽고 나서 자신의 달라진 모습에 놀랄 겁니다. 과학에 대한 두려움이 싹 가시고, 새로운 문제에 대해 과학적인 호기심을 보이게 될 테니까요. 물론 여러분의 과학 성적도 쑥쑥 올라가겠죠.

끝으로 이 책을 쓰는 데 도움을 준 (주)자음과모음의 강병철 사장님과 모든 식구들에게 감사를 드리며 스토리 작업에 참여해 주말도 없이 함께 일해 준 이나리, 조민경, 김미영, 도시은, 윤소연, 정황희, 손소희 양에게 감사를 드립니다.

진주에서

정완상

목차

판사

생지 변호사

비오 변호사

생물법정의 탄생

태양계의 세 번째 행성인 지구에 과학공화국이라고 부르는 나라가 있었다. 이 나라는 과학을 좋아하는 사람이 모여 살고 인근에는 음악을 사랑하는 사람들이 살고 있는 뮤지오 왕국과 미술을 사랑하는 사람들이 사는 아티오 왕국 또한 농업을 장려하는 농업공화국 등 여러 나라가 있었다.

과학공화국 사람들은 다른 나라 사람들에 비해 과학을 좋아했지만 과학의 범위가 넓어 어떤 사람은 물리를 좋아하는 반면 또 어떤 사람은 반대로 생물을 좋아하기도 했다.

특히 다른 모든 과학 중에서 주위의 동물과 식물을 관찰할 수 있는 생물의 경우 과학공화국의 명성에 맞지 않게 국민들의 수준이 그리 높은 편은 아니었다. 그리하여 농업공화국의 아이들과 과학공화국의 아이들이 생물 시험을 치르면 오히려 농업공화국 아이들의 점수가 더 높을 정도였다.

특히 최근 인터넷이 공화국 전체에 퍼지면서 게임에 중독된 과학공화국 아이들의 생물 실력은 기준 이하로 떨어졌다. 그것은 직접 동식물을 기르지 않고 인터넷을 통해 동식물의 모습을 보기 때문이었다. 그러다 보니 생물 과외나 학원이 성행하게 되었고 그런 와중에 아이들에게 엉터리 내용을 가르치는 무자격 교사들도 우후죽순 나타나기 시작했다.

생물은 일상생활의 여러 문제에서 만나게 되는데 과학공화국 국민들의 생물에 대한 이해가 떨어지면서 곳곳에서 분쟁이 끊이지 않았다. 그리하여 과학공화국의 박과학 대통령은 장관들과 이 문제를 논의하기 위해 회의를 열었다.

"최근의 생물 분쟁을 어떻게 처리하면 좋겠소?"

대통령이 힘없이 말을 꺼냈다.

"헌법에 생물 부분을 좀 추가하면 어떨까요?"

법무부 장관이 자신 있게 말했다.

"좀 약하지 않을까?"

대통령이 못마땅한 듯이 대답했다.

"그럼 생물학으로 판결을 내리는 새로운 법정을 만들면 어떨까요?"

생물부 장관이 말했다.

"바로 그거야. 과학공화국답게 그런 법정이 있어야지. 그래, 생물법정을 만들면 되는 거야. 그리고 그 법정에서의 판례들을 신문에 게재하면 사람들이 더 이상 다투지 않고 자신의 잘못을 인정할 수 있을 거야."

대통령은 입을 환하게 벌리고 흡족해했다.

"그럼 국회에서 새로운 생물법을 만들어야 하지 않습니까?"

법무부 장관이 약간 불만족스러운 듯한 표정으로 말했다.

"생물은 우리가 직접 관찰할 수 있습니다. 누가 관찰하건 간에 같은 구조를 보게 되는 것이 생물이죠. 그러므로 생물법정에서는 새로운 법을 만들 필요가 없습니다. 혹시 새로운 생물 이론이 나온 다면 모를까……."

생물부 장관이 법무부 장관의 말을 반박했다.

"그래, 나도 생물을 좋아하지만 생물의 구조는 참 신비해."

대통령은 생물법정을 벌써 확정 짓는 것 같았다. 이렇게 해서 과학공화국에는 생물학적으로 판결하는 생물법정이 만들어지게 되었다.

초대 생물법정의 판사는 생물에 대한 책을 많이 쓴 생물짱 박사가 맡게 되었다. 그리고 두 명의 변호사를 선발했는데 한 사람은 생물학과를 졸업했지만 생물에 대해 그리 깊게 알지 못하는 생치라는 이름을 가진 40대였고, 다른 한 변호사는 어릴 때부터 생물박사 소리를 듣던 생물학 천재 비오였다.

이렇게 해서 과학공화국의 사람들 사이에서 벌어지는 생물과 관련된 많은 사건들이 생물법정의 판결을 통해 깨끗하게 마무리될 수 있었다.

제1장

꽃과 잎에 관한 사건

바보들, 어차피 영양분을 보내는 통로가 막혀서 잎이 떨어진다고!

본드로 붙이자.

컬러 잎

식물의 잎에 컬러 비닐을 씌우면 어떻게 될까요?

"김미니 씨, 다음 무대 올라갈 준비해 주세요."

생방송 '노래잘해' 프로그램의 PD가 가수 김미니에게 다음 차례임을 알렸다. 평소 코디들에게 까다롭기로 유명한 김미니는 다음 차례인데도 불구하고 계속 코디들에게 투덜거리고 있었다.

"어머, 이 스타킹은 뭐야? 너무 촌티 나. 좀 더 우아한 거 없어?"

"옷에 장신구 떨어졌잖아. 네 눈은 장식용이니? 어서 붙이란 말이야."

"이 싸구려 진주, 누가 가져온 거야? 난 늘 사파이어인 거 몰라?"

코디들은 이런 김미니에게 불만이 가득했지만 불평 한마디 못하고 묵묵히 김미니의 요구를 들어 주고 있었다. 그러던 중 김미니는 코디 생활 한 달밖에 되지 않은 막내 부티풀의 차림을 보고 말했다.

"명색이 최고의 미녀 가수 김미니의 코디가 되려면 좀 센스 입게 꾸미고 올 것이지. 어머, 촌스러워. 앞으로는 센스 있게! 알겠니?"

평소에 자존심에 죽고 자존심에 사는 부티풀은 김미니의 비웃음에 자존심이 확 상했다. 그래서 무대로 급하게 나가려는 김미니를 붙잡았다.

"아, 왜? 나 지금 나가야 한단 말이야."

"잠시만요, 스타킹에 뭔가 묻었어요."

부티풀은 스타킹을 손 봐 주는 척하면서 구멍을 냈다.

"다 됐어요."

"땡큐! 아휴, 빨리 나가야지."

스타킹에 큰 구멍이 났다는 사실을 모른 채 김미니는 무대 위로 급하게 올라갔다. 무대는 성공적이었지만 다음 날 검색 사이트 1위는 '김미니의 구멍 난 스타킹'이었다. 김미니의 무대를 보던 한 시청자가 화면을 찍어 유머 사이트에 올리면서 삽시간에 온 인터넷에 퍼진 것이었다. 그것을 본 김미니가 가만있을 리 없었다.

"누가 내 스타킹에 구멍을 냈지? 내가 신을 때까지만 해도 아무런 이상이 없었는데. 가만, 내가 무대 나가기 전에? 부티풀 당장 불러와!"

부티풀은 잔뜩 긴장하여 김미니에게 갔다. 사실 '욱' 하는 마음에 스타킹에 구멍을 냈지만 사건이 이렇게 커질 줄은 몰랐기 때문이다.

"네가 지금 하늘같이 모셔야 할 나에게 이런 망측한 짓을 해?"

"저는 단지 그때 스타킹에 뭐가 묻어서……."

"거짓말하지 마. 네가 스타킹에 구멍 낸 거잖아! 이 일을 어떻게 할 거야?"

"죄송합니다."

"죄송하면 다야? 넌 당장 해고야!"

부티풀은 그렇게 코디 일에서 쫓겨났다. 부티풀은 다른 사람의 코디 일을 해 보려 했지만 이미 김미니가 손을 쓴 상태라 아무 곳에도 취직할 수 없었다. 일자리를 구하지 못해 절망에 빠진 부티풀은 바닥을 보며 길거리를 터벅터벅 걷다 어디선가 향긋한 꽃향기가 나 고개를 드니 싱싱 꽃집이라는 곳 앞에 서 있었다. 마침 싱싱 꽃집에는 여직원을 뽑는다는 종이가 붙어 있었다.

"꽃집도 나쁘지는 않지. 한번 들어가 볼까?"

부티풀은 싱싱 꽃집 안으로 들어갔다. 그곳의 사장이 아주 반갑게 맞이했다.

"저, 여직원을 구한다고 해서 왔는데요."

"이런 쪽의 일은 해 보셨나요?"

"아니요. 하지만 한 달 정도 가수 코디를 했었어요."

"그러면 장식하는 거 잘 하시겠네요. 내일부터 당장 일해 주실 수 있으세요?"

다음 날부터 부티풀은 싱싱 꽃집에서 꽃 장식하는 일을 하게 되었다.

"어머, 너무 아름다워요. 꽃 시들면 버리지도 못하겠네."

"화분 장식 너무 멋지다! 어느 꽃집에서도 이런 장식은 못 봤는데, 선물용으로 그만인걸요."

손님들의 칭찬은 끊이질 않았고 그 덕에 싱싱 꽃집의 식물들은 매우 잘 팔렸다.

"부티풀 씨 덕에 우리 가게 식물들이 정말 잘 팔리고 있어요. 고마워요. 호호호!"

"뭘요. 식물들이 다 싱싱하고 예쁘니 그런 거죠."

"에이, 겸손은! 참, 나 며칠간 꽃 경매 때문에 후라워시에 갈 것 같으니까 가게 좀 봐 줘요. 부티풀 씨라서 맡기고 가는 거예요."

사장은 출장을 갔고 부티풀은 며칠간 꽃집을 보게 되었다.

"이것은 붉은 장미, 무대 위의 김미니 보는 것 같네. 가시가 톡톡 달려 가지고 말이야. 이것은 수선화, 드라마할 때 김미니 이름이네."

부티풀은 모든 꽃을 김미니에 비유하여 그녀를 욕하고 있었다.

"그런데 여기 식물의 잎들이 전부 초록색이네. 너무 단순해. 왜 잎들은 꽃처럼 알록달록하지 않을까? 아! 내가 알록달록하게 만들면 되지. 호호호!"

부티풀은 여러 가지 색의 비닐을 사 와 잎 하나하나에 코팅했다. 잎들은 초록색에서 형형색색 예쁜 잎들로 변했다.

"자, 여러분! 녹색 잎이 심심하지 않으세요? 싱싱 꽃집에서 야심 차게 선보이는 컬러 잎 식물 사러 오세요."

지나가던 손님들은 호기심 어린 눈빛으로 몰려들더니 컬러 잎 식물과 예쁜 화분 장식에 반해 한두 명씩 사 가 어느새 다 팔렸다.

"역시 내 아이디어는 최고라니까."

부티풀은 자신의 실력에 우쭐해하고 있었다. 그러나 며칠 후 일이 터지고야 말았다.

"이거 예뻐서 사 갔는데 아무리 물을 줘도 영양제를 줘도 시들어 죽었어요. 이 식물은 왜 이렇게 수명이 짧은 거예요?"

"직장 상사에게 선물 줬다가 금방 시들어 버려서 지금 눈치 보며 일 다녀요. 어쩌실 거예요?"

컬러 잎 식물을 사 갔던 모든 손님들이 사 간 후 식물이 시들해지다 결국 죽었다며 변상을 요구했다.

"그건 손님이 관리를 잘못한 탓이겠죠. 저는 잘못이 없어요."

부티풀의 나 몰라라 하는 태도에 화난 손님들은 싱싱 꽃집을 생물법정에 고소했다.

잎에 있는 기공을 통해 이산화탄소, 산소, 수증기 등이
출입하면서 식물들은 호흡을 하게 됩니다.
기공이 막히면 식물은 죽고 말지요.

식물들이 죽은 이유가 무엇일까요?
생물법정에서 알아봅시다.

재판을 시작하겠습니다. 피고 측 변론하세요.

식물의 잎은 모두 녹색입니다. 그래서 단조로움을 느낀 부티풀 씨는 여러 가지 색깔 비닐을 잎에 입혀 팔았고요. 컬러 잎 식물을 마음에 들어 하며 사 간 건 손님들이고 식물이 시들어 죽은 이유도 손님들이 관리를 잘못한 탓이겠죠. 따라서 부티풀 씨는 변상할 이유가 없습니다.

원고 측 변론하세요.

잎은 식물에 중요한 역할을 합니다. 천재 중학교 과학 교사 다세포 씨를 증인으로 요청합니다.

뱅글뱅글 안경을 쓰고 알록달록한 옷을 입은 다세포 씨가 판사에게 '안녕!' 하고 인사하고 갑자기 발레 포즈로 뱅글뱅글 돌며 독특한 행동을 하였다.

다세포 씨, 그만하고 어서 증인석에 앉으세요.

어머, 죄송해요. 제가 사람 많은 곳만 오면 저도 모르게 제 버

룻이 나오네요. 호호호!

다세포 씨가 머리를 긁적이며 증인석에 앉았다.

식물의 잎은 왜 녹색인가요?

엽록소라는 색소 때문이지요.

왜 엽록소가 식물에 있는 거죠?

엽록소는 식물에 있어 아주 중요한 색소예요. 왜냐하면 식물이 빛을 받아서 영양분을 만들어 낼 때 필요한 색소거든요.

잎에 비닐을 씌우면 어떻게 될까요?

공기가 출입하지 못해서 죽어요.

콧구멍이나 입처럼 구멍이 보이지 않는데 어떻게 공기가 출입한다는 거죠?

식물의 잎 뒷면에는 기공이라는 공기가 통하는 구멍이 있어요. 그 구멍으로 이산화탄소, 산소, 수증기 등이 출입하죠.

식물이 기공을 통해 숨을 쉬는 거군요.

그렇다고 볼 수 있어요. 식물 안에 있는 이산화탄소를 이용해 영양분을 만들어 내고 이 과정에서 생긴 산소는 밖으로 내보낸답니다.

식물은 우리와 거꾸로 생활하는군요.

꼭 그렇지는 않아요. 빛이 있을 때만 이산화탄소를 이용해 영

양분을 만들고 밤에는 우리처럼 산소로 숨을 쉬어요.

🙂 모든 식물의 기공은 전부 잎 뒷면에 있나요?

😵 아니에요. 사는 환경에 따라 잎 앞면에 있거나 잎 양면에 있는 경우도 있어요.

🙂 식물의 잎에는 기공이라는 숨구멍이 있어서 그곳을 통해 기체가 출입합니다. 보통 빛이 있는 낮에는 이산화탄소를 이용해 영양분을 만들고 산소를 밖으로 내보냅니다.

🙂 판결합니다. 식물의 잎은 기공이라는 숨구멍을 통해 식물이 필요한 기체를 빨아들이고 필요 없는 기체를 내보냅니다. 그러나 컬러 비닐로 잎을 코팅해 버렸으므로 기공을 막았고 그 때문에 식물이 숨을 쉴 수 없어서 죽었을 것입니다. 따라서 부티풀 씨는 손님들에게 변상하시기 바랍니다.

판결 후, 부티풀 씨는 한동안 손님들에게 변상하느라 고생하였고 꽃집에서 잘릴 뻔하였으나 장식을 잘하는 솜씨 때문에 계속 일할 수 있었다.

 기공 세포

기공 세포는 잎에 있다. 식물의 잎에서는 '증산 작용'이 일어나는데 수분을 기공을 통해 수증기 상태로 증발시키는 현상을 말한다. 이것이 바로 기공에서 일어나는 것이다. 기공은 두 개의 공변 세포로 이루어져 있는데, 공변 세포 모양이 약간 휜 반달 모양으로 생겼다. 바로 이 공변 세포가 열리면서 수분이 증발하게 되고 식물 내에 수분이 적으면 기공이 닫히게 된다.

미녀는 파란 장미를 좋아해

유전자 조작으로 백장미를 파란 장미로 만들 수 있을까요?

사건속으로

"룰루! 미녀는 장미를 좋아해, 미녀는 장미를 좋아해."

과학공화국에서 소문난 부자인 사모님, 취미는 장미로 집 안을 도배하기이며 특기는 거울 보며 여드름 짜기이다. 오늘도 일어나서부터 거울만 보고 있더니, 점심 식사 후에도 여전히 거울만 들여다보고 있다.

"어머, 뾰루지가 또 생겼네. 어제 잠을 많이 못 잤더니 그새……안 되겠군! 잠을 좀 더 자야겠어."

그리고는 곧장 침실로 향했다. 그리고 사모님이 침실로 들어가

자마자 가정부들이 모여서 구시렁거리기에 바빴다.

"으으, 이빨도 안 닦고 또 자러 가는 거야? 아침에는 세수도 안하고 거울부터 보더니……."

"누가 아니라니! 몬스터 같은 얼굴로 하루 종일 거울만 보는데, 이때까지 거울이 안 깨진 게 미스터리라니까."

"크크크, 쉿! 듣겠다. 우린 청소나 하러 가자. 반짝 반짝 빛이 나게 해 놔야지 안 그랬다간 또 난리 날 걸."

"아무튼 미스터리야. 자기는 일 년에 명절에나 씻을까 말까 하면서 유난히 집 청소는 깔끔을 떤다 말이야."

그리고 해가 서쪽 바다 밑으로 잠을 청하러 갈 때쯤에야 또다시 잠에서 깨어나는 사모님. 두꺼비처럼 퉁퉁 부은 얼굴로 또다시 거울을 찾는다.

"후후, 역시 자고 났더니 내 미모가 더 빛을 내는구나! 자, 행복한 저녁 식사를 하러 가 볼까!"

사모님은 천천히 자리에서 일어나 뒤뚱뒤뚱 부엌으로 향했다. 그리고 거실을 지나다가 꽃병 안에 시들어 버린 장미를 발견하고야 말았다.

"어머, 우리 베이비! 왜 이렇게 말라 버렸니? 흑흑!"

한참을 울어서 이젠 두꺼비가 형님이라고 할 만큼 부어 버린 사모님은 말라 버린 꽃들을 신문지에 싸서 앞마당에 묻어 놓았다.

"렐라 양."

"아, 네. 사모님!"

"우리 베이비들이 시들어 버렸으니 새로운 베이비들을 준비해 놓도록."

"네?"

김렐라 양은 들어온 지 얼마 안 되어서 사모님의 말을 이해하지 못했다. 이 광경을 지켜보던 가장 고참인 안백설 양이 나섰다.

"이봐, 어리버리 신참. 우리 몬스터 사모님이 말이야, 뭐 보기와는 좀 다르게 장미를 좋아하더라고. 매일 장미를 사서 온 집을 도배해 놓고 시들어 버리면 바로 다른 장미를 주문해서 같은 자리에 꽂아 놓아야 된다, 이 말씀이야."

"아아, 네."

"괴물 꽃집이라고 단골 가게가 있으니까 거기 전화해서 말하면 알아서 갖다 줄 거야. 그리고 이번엔 백장미 주문할 차례야."

그 말을 듣고 김렐라 양은 곧바로 전화를 걸었다.

'따르릉, 따르르릉!'

"네네, 안녕하십니까? 행복을 더하는 괴물 꽃집입니다. 무엇을 도와드릴까요?"

"저, 저기요. 여, 여기 부자동 사모님 댁인데요. 저 백장미……."

"아, 네네. 백장미 말씀이십니까? 알겠습니다. 잠시만 기다려 주십시오."

'뚝!'

'딩동!'

전화가 끊기자마자 초인종이 울렸다.

"누구세요?"

"네네, 괴물 꽃집입니다."

문을 열자 이상한 괴물 분장을 한 사람이 들어왔다.

"네네, 안녕하십니까? 저희 괴물 꽃집에서는 고객님의 천 번째 이용을 기념하여 특별히 이탈리아에서 주문한 유리 꽃병에 꽃을 꽂아 드리겠습니다."

'이거 동네 할인 마트에서 500원에 팔던데.'

유리 꽃병을 보며 김렐라 양이 의아해하고 있는 동안 말을 마친 꽃집 사람은 꽃병만 내려둔 채 횡 하고 사라져 버렸다. 그리고 김 렐라 양은 꽃병을 들고 안으로 들어왔다.

"이걸 어디에 두라고 했더라. 음, 저긴가? 아니 이쪽인가?"

그리고 또 한참을 어디에 둘지 헤매던 김렐라 양은 서재 안으로 들어갔다가 왠지 휑해 보이는 책상 위에 꽃병을 놓아두었다.

'음, 이건 또 뭐지? 버려야 되나? 음……'

소심하고 어리버리한 김렐라 양은 책상 위에 놓인 작은 병을 보고 또 한참을 고민했다. 그리고 병을 들어서 흔들어 보았다.

'찰랑찰랑!'

'음, 안에 뭔가 들어 있으니까 버리면 안 되겠지.'

그리고 병을 내려놓으려고 하는데 때마침 사모님이 들어오며 큰 목소리로 김렐라 양을 불렀고 그 소리에 놀란 렐라 양은 들고 있던 병을 꽃병 속으로 떨어뜨리고 말았다.

'어머, 어떡하지?'

"렐라 양, 우리 베이비들은?"

"아, 네. 여, 여기……."

"어머, 우리 베이비들! 근데 우리 아기들이 좀 이상한 거 같은데……."

"네? 뭐, 뭐가 이상하시다는 건지."

"이것 좀 봐. 온통 시퍼렇잖아. 누구 짓이야? 꼭 잡아내서 가만두지 않겠어."

방금 렐라 양이 떨어뜨린 작은 병에는 파란색 잉크가 들어 있었던 것이다. 그러나 렐라 양은 왜 장미가 파랗게 변했는지 도저히 알 수가 없었다.

"전 분명 백장미를 주문했는데……."

"그럼, 꽃집에서?"

화가 난 사모님은 성난 코뿔소처럼 콧김을 뿜어 대며 곧바로 괴물 꽃집으로 전화를 걸었다.

"네네, 괴물 꽃집입니다."

"이봐, 꽃집. 나 사모님이야. 분명 백장미를 주문했는데 왜 파란 장미를 가져온 거지?"

"파란 장미라니요? 우린 분명 백장미를 가져갔다고요."

"요즘엔 파란 장미를 백장미라고 하나 보군. 백장미를 가져왔는데 왜 우리 집엔 파란 장미가 꽂혀 있는 거지?"

"우린 모르는 일이에요."

'뚝!'

한참을 옥신각신 다투다가 괴물 꽃집에서는 자기들은 모르는 일이라며 전화를 뚝 끊어 버렸다. 더욱 화가 난 사모님은 결국은 생물법정에 이 일을 의뢰하기로 했다.

다양한 염색약을 물에 타 백장미를 넣으면
장미가 그 물을 흡수하게 됩니다.
그렇게 되면 온갖 컬러의 장미를 만들 수 있죠.

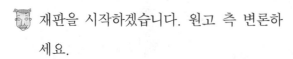
파란 장미는 어떻게 만드는 것일까요?
생물법정에서 알아봅시다.

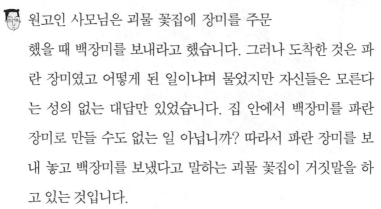

🧑‍⚖️ 재판을 시작하겠습니다. 원고 측 변론하세요.

😐 원고인 사모님은 괴물 꽃집에 장미를 주문했을 때 백장미를 보내라고 했습니다. 그러나 도착한 것은 파란 장미였고 어떻게 된 일이냐며 물었지만 자신들은 모른다는 성의 없는 대답만 있었습니다. 집 안에서 백장미를 파란 장미로 만들 수도 없는 일 아닙니까? 따라서 파란 장미를 보내 놓고 백장미를 보냈다고 말하는 괴물 꽃집이 거짓말을 하고 있는 것입니다.

🧑‍⚖️ 피고 측 변론하세요.

😃 괴물 꽃집에서는 백장미를 보냈고 증거물 확인 결과 꽃병 안에 있는 물 안에 파란 잉크가 타져 있더군요. 화훼 개발 전문가 이쁘니 씨를 증인으로 요청합니다.

초록색 옷을 입고 빨간 목도리를 머리에 감고 빨간 립스틱을 바른 입술을 내밀은 이쁘니 씨가 증인석에 앉았다.

하시는 일을 설명해 주세요.

아름다운 꽃을 개량하고 발명하는 일을 하고 있어요.

꽃잎은 왜 각각 다른 색을 띠고 있는 것이죠?

자연의 생물들은 각각 다른 색을 나타낼 수 있는 천연 색소가 있어요. 꽃잎에는 안토시안이라는 색소가 있는데 안토시안의 종류에 따라 잎 색깔이 달라지는 것이지요.

원래 파란 장미라는 것이 있습니까?

자연상에 파란 장미는 없어요. 우리가 보는 파란 장미들은 다 인공적으로 만든 것이지요.

왜 파란 장미는 없을까요?

장미에는 파란색 색소를 만들 수 있는 요소들이 부족하기 때문이죠.

우리가 살 수 있는 파란 장미는 어떻게 만든 것인가요?

흰 장미를 파란 염색약을 탄 물에 넣어요. 그러면 장미가 물을 빨아들이면서 색소도 같이 올라가 꽃잎에 색소가 달라붙는 것이지요.

파란색 잉크로도 가능할까요?

파란색 잉크도 가능하긴 하지만 염색약보다는 장미 색깔이 덜 진하죠.

그 외의 다른 방법이 있을까요?

유전 공학적인 방법으로 색소가 아닌 잎 자체가 파란색을 띠게 하려는 시도를 하고 있어요.

구체적으로 어떤 방법인가요?

제비꽃 등의 파란 꽃에서 파란 색소를 띠게 하는 요소를 만드는 유전자를 장미에게 이식하는 것이죠.

어떻게 이식시키나요?

유전자를 세균에 넣고 장미 꽃잎에 상처를 내어 그 세균을 넣어요. 그러면 그 세균 안에 있던 유전자가 세균 밖으로 나와 장미 유전자 속에 들어가면서 장미 꽃잎을 파란색으로 만들어 줄 요소가 만들어지는 것이에요.

이해하기 힘들어요. 쉽게 설명해 주시겠어요?

유전자는 색소를 만들어 내기 위한 설계도라고 생각하면 돼요. 장미는 파란 색소를 만들 수 있는 설계도가 없어요. 그래서 사람이 제비꽃에서 파란 색소를 만들 수 있는 설계도를 뽑아내어 세균에게 주는데 세균은 파란 색소를 만들어 줄 설계도를 전달해 주는 전달자 역할을 해요. 세균에게서 설계도를 받은 장미는 그 설계도대로 파란 색소를 만들어 내는 거랍니다.

자연적으로 파란 장미는 없지만 여러 가지 인공적인 방법으로 파란 장미를 만들어 냅니다. 흔히 사용하는 방법이 파란 염색약을 물에 타 백장미를 넣어 색소를 빨아올리게 한 다음 꽃잎에 색소가 달라붙게 만드는 것이고 현재 유전 공학적 방

법으로 파란 장미를 만들려 하고 있습니다.

 판결합니다. 장미는 파란 색소를 만들 수 있는 요소가 없어서 자연적인 파란 장미는 없습니다. 그래서 색소를 이용하여 파란 장미를 만드는데 꽃병 속의 파란색 물이 백장미를 파란 장미로 만들게 한 원인이므로 괴물 꽃집은 잘못이 없습니다.

판결 후 사모님은 백장미를 다시 주문한 후 파란 장미를 만들게 한 원인이 누구인지 찾으려다 실패하였다. 그러나 백장미와 파란 장미가 같이 있으니 예뻐서 그냥 놔 두기로 했다.

관다발

관다발은 식물 체내에 필요한 물과 양분의 이동 통로로 뿌리, 줄기, 잎맥으로 연결되어 있다. 관다발은 종자식물과 양치식물에 있으며 이들을 합쳐서 관다발 식물이라고 부른다. 관다발에는 물관부, 체관부가 있으며 부피 생장하는 줄기나 뿌리에는 형성층이 있다.

선인장의 잎

선인장에도 잎이 있을까요?

사건속으로

"아이고, 우리 동네에 신동이 났구먼. 허허허!"

"눈빛이 똘망똘망한 것이 보통 신동이 아니야. 경사 났네, 경사 났어."

"벌써부터 카리스마가 철철 넘치는데요, 하하!"

김천재 군은 어렸을 때부터 마을에서 신동 소리를 들으며 자라 났다. 그래서 어딜 가나 어깨에 힘을 주고 으스대며 똑똑한 척을 했다. 어디를 나갈 때에는 꼭 팔에 두꺼운 책을 하나 끼고 다녔다. 그리고 버스나 식당에서조차 책을 펴 놓고 읽는 척을 하였다. 읽는 척만 할 뿐 실제로 책을 읽지는 않았다.

"사랑스런 아들~! 조금 쉬어 가면서 공부도 하렴. 이제 겨우 초등학생인데 너무 무리할 필요 없단다. 호호호!"

"아니에요, 어머니! 전혀 무리하는 거 아니에요."

"어머, 어쩜 이렇게 늠름하기까지. 벌써 철도 들었구나! 역시 우리 아들이야. 호호호!"

김천재 군의 어머니도 항상 말로는 쉬엄쉬엄 하라고 하였지만, 시험 기간이 되면 은근히 성적표를 기다리고 있었다. 늘 모든 과목에서 100점씩 척척 받아 오는 아들이 자랑스러웠다.

"어머, 우리 아들~ 또 올백이야? 너무 퍼펙트한 거 아니니? 오호호, 가끔씩 틀리기도 하고 그래야지."

김천재 군도 어머니의 말이 진심이 아니란 걸 눈치 채고 있었다. 그래서 시험 기간이 되면 늘 밤을 꼬박 새며 벼락치기를 하였다.

"아들! 얼마 안 있으면 기말 고사 기간이지? 너무 무리하지 말거라. 건강에도 안 좋아. 이 엄마는 우리 아들이 100점이 아니어도 괜찮으니까."

"네, 어머니. 저는 전혀 신경 쓰지 않아요. 원래 공부란 평소에 열심히 해야 되잖아요."

전혀 신경을 쓰지 않는 것을 가장하고 은근히 압박을 주는 어머니 때문에 김천재 군은 시험 기간만 되면 머리카락이 빠질 듯한 스트레스를 받았다. 그렇지만 더 이상 자신이 신동이 아니라는 걸 다른 사람들이 알게 될까 봐, 그리고 자신을 비웃게 되는 것이 두

려워서 이를 악물고 공부를 했다. 그리고 드디어 기말고사 날이
되었다.

"우리 아들, 아자 아자 파이팅! 긴장하지 말고 릴렉스하게~ 알
지? 그럼 다녀오렴."

발목에 무거운 쇠구슬을 찬 죄수마냥 김천재 군은 학교를 향하
는 발걸음이 무거웠다. 그렇지만 밤샘의 효과 덕분인지 시험 문제
들은 순조롭게 풀려 나갔다.

'휴우, 이제 하나 남았군. 별 문제 없겠지?'

드디어 모든 시험들을 다 치르고 마지막 생물 시험이 남아 있었
다. '드르륵' 문이 열리고 생물 선생님이 시험지를 가득 안고 들어
오셨다.

"모두들 시험 준비는 잘 했겠지? 이번에는 선생님이 아주아주
쉬운 문제들만 쏙쏙 골라서 냈으니까 너무 걱정하지 말고. 자아,
소지품은 다 집어넣고 눈 감아."

잠시 후 시험지를 받아 든 김천재 군은 다른 과목들처럼 문제들
을 하나하나 풀어 나갔다. 그런데 이게 웬일. 두둥! 예상치 못한 주
관식 문제가 나왔던 것이다. 문제는 이랬다.

> '모든 식물은 (   )과 줄기와 뿌리를 가지고 있다.'

점점 김군의 이마에선 식은땀이 줄줄 흘러내렸다. 도무지 아무

리 생각해도 답이 생각나지 않았다. 그리고 주관식이 나올 줄은 상상도 하지 못했었다. 객관식이었다면 비장의 히든카드인 연필 굴리기라고 해서 찍기라도 할 텐데 말이다.

김군은 결국 아무것도 적지 못한 채 시험을 마쳐야 했다.

'딩동!'

종이 치고 선생님은 모든 시험지를 거두어 가셨다.

"자, 채점해서 바로 성적표 나눠 줄 테니까 모두들 자리에 앉아 있도록."

문제의 답은 '잎'이었다. 친구들이 깔깔깔 웃으면서 워낙 큰 소리로 답안을 맞춰 보는 바람에 답을 알게 되었다. 그리고 얼마 뒤 성적표를 받은 김천재 군은 앞이 캄캄해졌다. 다른 과목은 역시나 다 100점이었지만 생물은 그 문제의 답을 쓰지 못해 95점이었던 것이다. 김군은 학교로 올 때보다 더 무거운 걸음을 이끌고 집으로 향했다.

"시험은 잘 쳤니? 또 전부 올백이구나? 이구, 기특한 것!"

웃으면서 김군의 엉덩이를 톡톡 두드리던 김군의 어머니는 순간 표정이 일그러졌다. 그러나 이내 다시 급방긋으로 바뀌었다.

"어머머, 한 문제 정도야 틀릴 수도 있지. 하하, 그런데 무슨 고민이라도 있었니? 아니면 오늘 컨디션이 안 좋았거나, 왜 한 문제가 틀렸을까? 하하, 아하하하하!"

'저건 위로를 가장한 꾸중일 거야. 아니 협박이야. 휴우!'

고개를 푹 숙이며 말없이 방 안으로 들어간 김군은 책상에 앉아 한숨만 푹푹 내쉬었다. 답답한 기분에 창문을 열려는데 창가에 놓인 선인장이 눈에 띄었다.

　"가만, 선인장도 식물인데 그런데 왜 선인장엔 잎이 없는 거지? 그래 선인장처럼 잎이 없는 식물도 있구나. 그렇다면 선생님이 시험 문제를 잘못 내신 거잖아. 그럼 당장 가서…… 하지만 이미 성적표는 나와 버렸어."

　계속해서 우울 모드와 환희 모드를 급하게 왔다 갔다 하던 김군은 극도의 혼란 상태에 빠졌다. 이 모든 게 시험 문제를 잘못 낸 선생님 때문이라고 생각한 김군은 생물법정에 선생님을 고소하기에 이르렀다.

선인장에도 원래는 잎이 있었답니다.
그런데 그 잎이 다른 동물들로부터 자신을 보호하기 위해
가시로 변한 것입니다.

선인장에는 왜 잎이 없을까요?
생물법정에서 알아봅시다.

여기는 생물법정

재판을 시작하겠습니다. 원고 측 변론하세요.

식물의 구성에는 크게 뿌리, 줄기, 잎이 있습니다. 식물이 다양하듯 뿌리, 줄기, 잎의 모양도 다양합니다. 잎은 엽록소라는 색소가 있어서 초록색을 띠며 영양분을 만들어 내거나 공기를 출입하게 하는 역할을 합니다. 그러나 선인장의 경우 뾰족한 가시가 있을 뿐 잎을 찾아볼 수 없습니다. 따라서 선인장에는 잎이 없습니다.

피고 측 변론하세요.

선인장의 가시는 잎이 아니라 가시일 뿐일까요? 사막 식물 전문가 사아라 박사를 증인으로 요청합니다.

선인장을 들고 온 사아라 박사가 증인석에 앉았다.

식물의 구성을 말씀해 주세요.

모든 식물은 크게 뿌리, 줄기, 잎으로 이루어져 있습니다.

각각의 역할을 간단하게 설명해 주세요.

🧑 뿌리는 식물이 땅에 붙어 있게 하고 물과 영양분을 빨아들이는 역할을 합니다. 줄기는 뿌리와 잎에서 흡수한 영양분이나 물 등이 통과하는 관의 역할이며 잎은 영양분을 만들어 내거나 공기구멍이 있어 공기가 출입할 수 있게 되어 있습니다.

🐦 선인장의 경우에는 잎이 없는 것 같은데요.

🧑 아닙니다. 선인장에도 잎이 있습니다. 그것은 가시입니다.

🐦 가시가 잎이라고요? 이해할 수 없군요.

🧑 물론 그럴 것입니다. 우리가 보통 생각하는 잎과는 전혀 다른 모양이니까요. 하지만 사막에서 살기 위해 잎이 가시로 변한 것입니다.

🐦 왜 가시로 변하게 되었나요?

🧑 잎이 있을 경우 식물 몸 안에 있는 물이 잎을 통해 밖으로 빠져나가는데 사막의 경우 그렇게 되었다가는 선인장이 말라 죽을 것입니다. 따라서 잎이 가시로 변하여 물을 빠져나가지 못하게 한 것입니다.

🐦 그럼 막대기처럼 변하면 되지 하필 뾰족한 가시일까요?

🧑 다른 동물들로부터 자신의 몸을 보호하기 위해서입니다. 선인장은 물이 많은데 만약에 가시가 없다면 사막의 동물이 물을 얻기엔 선인장이 제일 좋겠죠. 그래서 동물들이 함부로 자신을 해치지 못하게 하기 위해 가시를 만든 것입니다.

🐦 선인장의 가시는 잎에서 변한 것입니다. 바꿔 말하면, 선인장

의 가시는 식물에서 잎에 해당하는 것입니다. 따라서 선인장도 잎이 있습니다.

 판결합니다. 선인장도 원래 잎이 있었으나 사막이라는 조건에서 살아남기 위해 잎을 가시로 변하게 한 것입니다. 따라서 가시도 잎이라고 볼 수 있으므로 선인장에도 잎이 있으며 모든 식물은 잎과 줄기와 뿌리가 있다는 문제는 옳음을 판결합니다.

판결 후 김군은 어머니께 엄청나게 혼났고 매일 방에 갇혀서 공부를 할 수밖에 없는 신세가 되었다. 그러나 생물 선생님의 설득으로 김군은 다른 학생들처럼 평범한 학생으로 살 수 있게 되었다.

 선인장의 종류

선인장에는 여러 종류가 있다. 그중 몇 개만 예를 들면 게발 선인장은 게발처럼 되어 마디가 있고 편평한 모양으로 되어 있다. 겨울에 개화하여 분화로서 많이 생산된다. 가재 모양의 선인장은 마디가 게발처럼 둥글지 않고 예각으로 되었는데 크리스마스 칵테스라고 한다. 또한, 공작 선인장은 공작의 깃털 모양으로 줄기가 길고 편평한 모양으로 성장하는 선인장으로 화경 15~20cm의 대륜으로 6~7월경에 개화한다. 부채 선인장은 타원형 또는 장타원형의 편평한 다육경으로 부채 모양으로 자라는 선인장을 통틀어 말한다.

음악 꽃가게

식물에게 어떤 음악을 들려주면 더 잘 자랄까요?

과학공화국의 플라워시티에 살고 있는 나장미 씨는 작은 꽃 농장을 경영하고 있다.

그리고 얼마 전에는 '소문난 꽃집'이라는 작은 꽃가게도 열었다. 나장미 씨가 직접 키우고 재배하는 꽃은 어느 꽃가게의 꽃들보다도 더 싱그럽고 아름다워 항상 손님이 끊이질 않았다.

"나장미 씨, 도대체 비결이 뭐예요?"

"비결이라뇨?"

"에이, 시치미 떼지 말고 꽃을 예쁘게 잘 키우는 거 말이야."

"비결이 따로 있나요, 뭐. 후후, 그냥 꽃들에게도 듬뿍듬뿍 사랑을 주는 거 정도. 후후……."

모두들 농담으로 들었지만 정말 나장미 씨는 매일 꽃들에게 말을 걸기도 하며 지극 정성으로 꽃을 키웠다. 자신이 밥 먹는 일이나 다른 일은 깜빡깜빡 잘 잊어버리면서도 꽃에 물을 주거나 가지를 치는 일은 절대 잊어버리지 않았다.

"이봐, 장미! 넌 정말 나날이 더 아름다워지는구나!"

"어머, 튤립! 넌 정말 엘레강스 그 자체야."

그러던 어느 날 '소문난 꽃집' 바로 맞은편에 또 다른 꽃가게가 생겼다. 그 꽃집의 주인은 무재수 씨였다. 무재수 씨는 항상 새로운 사업을 할 때마다 얼마 못 가 부도가 나 버리곤 했다. 그리고 얼마 전 새로 시작했던 치킨 가게마저도 망하고 말았다. 그 후 거의 폐인이 되어 있던 무재수 씨는 우연히 '소문난 꽃집'을 지나가다 손님이 많은 것을 보고는 자신도 꽃가게를 열어야겠다고 생각했다.

"그래, 바로 이거야. 이번에야말로 느낌이 제대로 오는데, 크크!"

이번만은 꼭 성공해야겠다고 생각한 무재수 씨는 차별적인 무언가를 생각해 내야겠다고 다짐했다.

'뭔가가 2% 부족해. 다른 꽃집과는 다른 게 있어야 하는데…….'

무재수 씨는 며칠을 잠도 자지 않고 고민하고 또 고민했다. 그리고 일주일 정도 지났을 무렵 갑자기 '번뜩' 하고 무언가가 떠올랐다.

'오호라, 이러면 되겠군. 크크, 이제 돈벼락 맞을 일만 남았어. 낄낄! 이 비밀이 새 나가지 않게 철저하게 신비주의 전략을 펼쳐야겠어.'

그리하여 '재수 있는 꽃집'이 문을 열게 된 것이었다. 그리고 '클래식 음악을 들으며 자란 꽃'이란 플래카드를 내걸었다. 꽃 이름도 특이했다. '모차르트와 장미의 만남' '바하를 사랑한 튤립' 등 유명한 음악가 이름과 꽃 이름을 합한 것이었다. 그리고 무재수 씨의 전략은 대략 성공한 듯싶었다. 소문을 듣고 손님들이 하나 둘 찾아오기 시작한 것이었다.

"어머, 클래식 음악을 듣고 자라서 그런지 더 고상해 보여요."

"왠지 더 커 보이기도 하는데요."

"어쩜 꽃에도 기품이 있어 보여."

"듣고 보니 정말 그런 거 같기도 하네요."

'재수 있는 꽃집'에는 나날이 손님이 늘어났지만 '소문난 꽃집'에는 손님이 점점 줄어들기 시작했다. 손님이 자꾸만 줄어들자 나장미 씨는 점점 초조해졌다.

'클래식 음악만으로 저렇게 될 리는 없을 거야. 분명 다른 방법을 썼을 거야. 벌써부터 수상한 냄새가 폴폴 나는걸.'

그리고 다음 날 나장미 씨는 생물법정을 찾았다.

"어떻게 오셨죠?"

"저희 가게 앞에 새로 생긴 꽃집이 아무래도 수상해요. 아무래도 꽃에 이상한 주사를 놓는 것 같아요. 그러지 않고서야 꽃이 그렇게 크고 싱그러울 수 없단 말예요. 흑흑!"

"이보세요, 아주머니! 진정하세요."

"아주머니라뇨! 아가씨라고 부르세요. 아무튼 '재수 있는 꽃집' 을 고소하겠어요."

이리하여 생물법정에서 이 사건을 다루게 되었다.

음악의 음파가 식물의 몸을 떨게 하여
식물이 더 잘 자라도록 도와줍니다.
록 음악보다는 클래식 음악을 더 좋아하죠.

식물은 음악을 들을 수 있을까요?
생물법정에서 알아봅시다.

 원고 측 변론하세요.

 우리가 보통 소리를 들을 때 소리의 음파가
귀로 들어오면 귀 안에 있는 달팽이 기관
속 청세포라고 하는 세포가 이 음파를 감지하여 뇌에 전달함
으로써 소리를 들을 수 있는 것입니다. 그러나 식물의 경우
귀에 해당하는 기관이 없으므로 식물은 음악을 들을 수 없습
니다. 따라서 '재수 있는 꽃집'은 다른 방법을 써서 식물을 키
웠을 것입니다.

 피고 측 변론하세요.

 식물 개발 연구가 나발꼬 박사를 증인으로 요청합니다.

머리가 나팔꽃 줄기처럼 꼬인 나발꼬 박사가 증인석에 앉
았다.

 하시는 일을 말씀해 주세요.

 식물이 어떻게 하면 병에 걸리지 않고 튼튼하게 잘 자라는지
여러 가지 실험을 하고 방법을 개발하는 일을 하고 있습니다.

식물에게도 소리를 들을 수 있는 기관이 있습니까?

없습니다. 식물에게는 동물처럼 음악을 들을 수 있는 청세포 같은 것이 없어요.

그렇다면 음악을 틀어 줘도 느끼지 못하겠군요.

아닙니다. 식물은 비록 우리처럼 소리를 들을 수는 없지만 음악의 음파를 온몸으로 느끼고 있습니다.

식물에게 음악을 들려주었을 경우 어떻게 되나요?

음악의 음파가 식물 몸에 있는 세포를 떨게 합니다. 이것은 식물이 자라는 데 영향을 끼칩니다.

어떤 영향을 끼치죠?

식물이 더 잘 자라게 촉진시키는 것이지요. 엽록소를 더욱 많이 만들게 하여 더 많은 영양분을 만들 수 있게 하고 잎에 있는 공기구멍을 열게 하여 기체 교환을 활발하게 합니다. 뿌리에서는 양분 흡수가 활발히 일어나고요.

또 다른 영향은 없습니까?

면역력이 증가하여 병에 강한 식물이 됩니다.

모든 음악이 다 도움이 됩니까?

아닙니다. 식물은 록 음악보다는 클래식 음악을 좋아합니다. 록 음악을 틀었을 경우 오히려 잘 자라지 못하는 식물들도 있습니다.

식물은 비록 청세포 같은 것이 없어서 음악을 들을 수는 없지만 음파의 영향으로 음악을 온몸으로 느끼고 있습니다. 또, 음악이 어떤 종류인지에 따라 성장하는 것이 달라집니다. 따라서 '재수 있는 꽃집'의 음악 들려주기 방식만으로 충분히 식물을 잘 키울 수 있습니다.

 판결합니다. 비록 식물은 우리처럼 음악을 들을 수는 없으나 음파로 인해 세포가 떨려 운동시키는 효과를 내며 식물이 자랄 수 있는 조건을 더욱 좋게 만듦으로써 잘 자랄뿐더러 병에도 강해지게 됩니다. 특히 '재수 있는 꽃집'의 경우 가장 좋은 효과를 거둘 수 있는 클래식 음악을 사용하였고 이것이 꽃이 더욱 건강하게 될 수 있는 조건이 되므로 '재수 있는 꽃집'은 사기가 아님을 선고합니다.

 ## 식물과 음악

식물도 음악을 들을 수 있을까? 사람처럼 귀가 없는데 어떻게 음악을 들을 수 있다는 것일까? 결론부터 말한다면 식물도 음악을 듣는다. 뿐만 아니라 판단도 할 줄 안다. 우리가 소리를 들을 수 있는 것은 공기를 타고 온 음파가 고막을 두드리기 때문이다. 그처럼 음악을 틀면 음파가 공기를 타고 식물의 몸에 닿는다.

식물의 몸은 온통 세포로 되어 있다. 잎도 세포요, 줄기도 세포요, 뿌리도 세포다. 이 세포들이 귀인 셈이다. 식물의 세포를 현미경으로 들여다보면 세포벽이 있고, 그 안쪽에 세포막이 있고, 세포막 안에 끈끈한 상태의 세포액이 차 있다. 식물의 몸에 닿은 음파가 딱딱한 세포벽을 두드리면 세포벽이 떨리고, 곁에 있는 세포막이 떨리고, 세포막으로 갇혀 있는 세포질이 떨리게 된다. 마치 양푼을 두드리면 담긴 물이 떠는 것과 같은 이치이다. 너무 미약하여 없는 것 같은 이 떨림은 세포질에 미세한 자극을 줘 활력을 불어넣어 주게 되는 것이다.

식물은 온몸으로 음악을 듣는다. 음악을 들려주면서 식물의 몸속에 흐르는 전류를 확인해 보면 음악이 흐르는 동안 전류가 심한 굴곡을 보인다. 음악을 끄면 한동안은 들을 때보다는 약하지만 전류가 굴곡을 보인다. 음악을 꺼도 사람처럼 여전히 감미로웠던 기분이 남아 있는 모양이다.

재판 후 '재수 있는 꽃집'은 더욱 인기가 많아져 꽃이 모자랄 정
도였다. '소문난 꽃집'은 클래식 이외에도 다른 좋은 방법들이 있
는지 연구하였고 또 다른 아이템으로 손님들의 인기를 얻었다.

달콤한 셀러리

셀러리를 달콤하게 먹으려면 설탕물에 담가 두는 것이 좋을까요,
설탕을 뿌리는 것이 좋을까요?

최근 과학공화국에서는 웰빙 열풍이 불고 있다. 뉴
스에서도 웰빙 열풍에 대한 소식들로 넘쳐나고 있
었다.

"네, 한 시간 느린 뉴스 안형님입니다. 오늘의 첫 소식도 역시 웰
빙 열풍에 대한 소식입니다. 보다 리얼한 뉴스를 위해 현장에 리포
터 김길웅 씨가 나가 있습니다. 김길웅 씨."

"네, 김길웅입니다. 이곳은 그린시티의 한 먹자골목입니다. 이곳
에는 최근 셀러리 열풍이 불면서 많은 셀러리 가게들이 생기고 있
습니다. 우선 가게 한 곳을 찾아 들어가 보도록 하겠습니다."

이리저리 둘러보던 김길웅 씨는 '세상에서 제일 달콤한 셀러리'라고 써진 플래카드가 붙어 있는 가게로 들어갔다.

"네, 여러분! 이곳은 세상에서 제일 달콤한 셀러리가 있는 가게입니다. 그래서인지 손님들도 아주 많은데요. 벌써부터 달콤한 냄새가 나는 것 같지 않습니까? 네, 그럼 이곳의 주방장님을 만나 보도록 하겠습니다."

"안녕하세요? 삐리리 샐러드의 완소 주방장 쉐이크붐이에요."

"네, 쉐이크붐 씨! 세상에서 제일 달콤한 셀러리의 비법 좀 가르쳐 주세요."

"비법이랄 게 따로 있나요. 그냥 열심히 하는 거죠, 뭐."

"에이, 튕기지 말고 가르쳐 주세요."

"흠, 사실 이건 우리 며느리만 아는 건데 잠깐 귀 좀."

"……."

'소곤소곤!'

"아니, 이렇게 초간단하단 말이에요?"

"허허, 참 쑥스럽습니다."

"예, 여러분! 이곳의 비법을 알려드리겠습니다. 두구두구두구! 그것은 바로 설탕물에 셀러리를 담가 두는 것이라고 합니다. 하하하!"

"네, 김길웅 씨의 현장 취재 잘 보았습니다. 몸을 사리지 않고 시청자들을 위해 끝까지 비법을 알아낸 김길웅 씨. 정말 대단합니다.

자, 이제 다음 뉴스……"

집에서 뉴스를 보고 있던 베베킴 씨는 얼굴이 붉으락푸르락 달아올랐다.

"아니 저건 우리 옆 가게잖아. 설탕물에 담가 놓는 것이 비법이라고? 흥, 세상에서 제일 달콤한 셀러리라니, 이때까지 까맣게 속고 있었군."

베베킴 씨도 그린시티에서 셀러리 가게를 운영하고 있었다. 베베킴 씨의 가게에서는 셀러리에 가루 설탕을 뿌려서 달콤한 맛을 내었고 손님들의 반응도 좋았다. 그런데 어느 날 옆에 똑같은 셀러리 가게가 생겼고, 그 가게에서는 '세상에서 제일 달콤한 셀러리'라고 광고를 해 손님들을 다 끌어갔던 것이다.

뭔가 다른 비법이 있을 거라고 믿고 있었던 베베킴 씨는 점점 더 화가 나기 시작했다

'똑같은 설탕을 쓰면서 그런 허위 광고를 내 손님들을 다 끌어가다니, 이대로 가만히 있을 순 없지.'

다음 날 베베킴 씨는 삐리리 샐러드 가게를 찾아갔다.

'쿵쿵쿵!'

'딸깍!'

"이봐, 쉐이크붐 씨. 당장 저 플래카드를 내려야겠어."

"이건 무슨 황당한 시추에이션? 흥, 당신이 무슨 권리로 저걸 내리라고 하는 겁니까?"

"황당한 사람은 나야, 나. 설탕물에 담근 걸 가지고 세상에서 제일 달콤한 셀러리라고 광고를 하다니 완전 어이상실이야. 난 또 대단한 비법이라도 있는 줄 알았지."

"무슨 소립니까? 제일 달콤하니까 달콤하다고 한 거지, 뭐가 잘못이죠?"

쉐이크붐 씨는 삐딱하게 서서는 어이가 없다는 듯이 베베킴 씨를 쳐다보았다.

"이봐, 우리 가게에서도 셀러리에 가루 설탕을 뿌려서 판다고. 똑같은 설탕을 쓰는데 무슨 차이가 있다고 저런 허위 광고를 내놓은 거지?"

"허허, 큰일 날 소릴 하시네. 우린 그저 있는 그대로 광고했을 뿐이야. 그리고 그만 나가 주겠소? 영업시간이 다 돼서, 그럼 이만."

그리고 베베킴 씨를 문 밖으로 내보내고 문을 '쾅' 하고 닫아 버렸다. 화가 머리 꼭대기까지 난 베베킴 씨는 씩씩대며 곧장 생물법정으로 갔고 쉐이크붐 씨를 고소하였다.

셀러리를 설탕물에 담그면 더 많은 설탕이 식물에 스며들게 되어 설탕을 직접 뿌린 것보다 더 달콤한 셀러리를 먹을 수 있습니다.

설탕물이 식물을 더 달게 할까요?
생물법정에서 알아봅시다.

🧑‍⚖️ 재판을 시작하겠습니다. 원고 측 변론하
세요.

😀 설탕이 달다는 사실은 모두들 알고 있을 것
입니다. 우리는 단맛을 내기 위해 설탕을 뿌려서 먹기도 하
죠. 그런데 설탕물이나 가루 설탕이나 다 똑같은 설탕이고 식
물에 설탕을 뿌리나 설탕물에 담그나 결국 달기는 비슷할 것
입니다. 따라서 베베킴 씨의 주장이 옳다고 생각합니다.

🧑‍⚖️ 피고 측 변론하세요.

😀 가루 설탕이나 설탕물이나 식물에 뿌리기만 한다면 달기는
같을 것입니다. 하지만 식물을 설탕물에 담그면 과연 달기가
같을까요? 천재 중학교 과학 교사 다세포 씨를 증인으로 요청
합니다.

　　뱅글뱅글 안경을 쓰고 알록달록한 옷을 입은 다세포 씨가
발랄하게 뛰어 들어와 증인석에 앉았다.

😀 식물에 설탕을 뿌리면 어떻게 됩니까?

설탕의 입자가 식물 표면에 조금 스며들지만 대부분은 표면에 머무르고 있어요. 물에 씻으면 단맛이 거의 사라지는 이유가 그것이지요.

가루 설탕과 보통 설탕을 뿌렸을 때 가루 설탕이 더 단 이유는 무엇이지요?

가루 설탕은 보통 설탕보다 입자가 더 작기 때문에 비교적 더 많이 스며들 수 있답니다.

설탕물을 뿌리면 더 달까요?

설탕을 그냥 뿌렸을 때보다는 더 달겠지만 역시 많은 설탕 입자가 식물 표면에서 스며들지 못하고 있을 거예요.

식물을 설탕물에 담가도 똑같을까요?

그건 아니라고 봐요. 왜냐하면 식물이 물을 빨아들일 때 설탕도 같이 빨아들이게 될 테니 결과적으로 설탕이 식물 안에 스며드는 효과가 나타날 거예요. 즉, 뿌렸을 때보다 더 많은 설탕이 식물 안으로 들어갈 것이고 더 단맛이 날 테지요.

식물의 단맛을 더 느끼기 위해서는 설탕이 얼마나 식물 안으로 잘 스며들어 갔느냐가 기준인데, 물을 빨아올려 안으로 스며들게 하면 씻거나 오래 두어도 설탕을 밖에서 뿌리는 것보다 더 단맛이 강할 것입니다.

설탕의 입자가 더 작을수록 식물에 스며드는 양은 더 많아지겠지만 대부분의 설탕은 식물 표면에서 스며들지 못하고 머

무르고 있을 것입니다. 하지만 설탕물에 담그게 되면 물을 따라 설탕이 식물 안으로 들어갈 것이고 결과적으로 많은 설탕이 식물에 스며드는 것이 되므로 '세상에서 제일 달콤한 셀러리'라는 명칭은 성립할 수 있음을 선고합니다.

판결 후 삐리리 샐러드 가게는 더 잘 되었지만 돈을 더 많이 벌게 된 쉐이크붐 씨의 거만함 때문에 손님이 점점 줄어들었다.

 셀러리(celery)

셀러리는 남유럽, 북아프리카, 서아시아가 원산지이다. 본래 야생 셀러리는 쓴맛이 강하여 17세기 이후에 이탈리아 사람들에 의해 품종이 개량되어 현재에 이르고 있다. 셀러리는 밭에서 재배한다. 높이 60~90cm이다. 잎과 줄기가 녹색이고 털이 없으며 능선이 있다. 꽃은 6~9월에 피고 흰 꽃을 피우고 열매는 편평한 원형이다.

꽃으로 만드는 시계

꽃이 피는 것을 보고 시간을 알 수 있을까요?

"올해로 우리 플랜트 시가 창립 10주년이에요. 이 것을 기념해서 시 청사 앞에 무언가 기념할 만한 걸 지었으면 하는데 각자 의견들 내보세요."

"시장님의 동상을 지으면 어떨까요? 시장님의 완벽한 D-라인을 강조해서 말이죠."

평소 눈치 없기로 유명한 김어리 대리의 어이없는 의견으로 한 순간 회의장 분위기가 싸해졌다.

"대형 시계탑을 지으면 어떨까요? 영화에서 보면 시계탑에서 연 인들이 만나고 그러잖아요. 시민들에게 하나의 만남의 장소를 제공

하는 거죠. 그럼 시 청사가 보다 대중적인 장소가 되지 않을까요?"

"짝짝짝! 역시 우리 정 과장은 항상 기대를 저버리지 않는다니까. 그럼 대형 시계 설치안은 정 과장에게 맡기겠소."

"넵."

그리고 그 다음 날 시 청사 게시판에는 '시청사 앞 대형 시계 설치 아이디어 공모'라고 써진 공고문이 붙게 되었다. 공고문이 붙은 이후로 여러 시계 회사에서 아이디어들을 응모해 왔다. 그렇게 응모된 아이디어들을 모아 1차 심사를 하였고, 1차에서 합격된 회사들은 2차 심사에서 공개 오디션을 보게 되었다. 드디어 2차 공개 오디션 당일 날이 되었다.

"참가 번호 1번 롤릭스 시계 팀입니다."

"저희 롤릭스 시계에서는 일반적인 시계탑 모양을 기초로 하였습니다. 그리고 기둥은 우리 회사의 고상한 이미지에 맞게 금으로 쫙 코팅을 할 예정입니다."

"음, 예산 부족입니다. 탈락! 참가 번호 2번 아이도스 시계."

"저희는 남녀노소 누구나 쉽게 알아볼 수 있도록 전자시계로 정했습니다."

"음, 그건 너무 단순해. 탈락! 자 다음."

"참가 번호 3번 구찌 시계입니다. 대형 모래시계를 만들어 그 안에 층층이 무지개 색깔로 모래를 넣으면 완전 아름다울 것 같지 않습니까? 하하!"

"너무 현란해. 땡!"

그리고 해시계나 물시계 등 여러 의견이 있었지만 어느 것 하나 정 과장의 마음에 들지 않았다.

'에휴, 생각하는 것 하고는! 톡톡 튀는 아이디어가 없군.'

드디어 마지막 참가자 차례가 되었다.

"저희 뿌라다 시계에서는 꽃으로 시계를 만들 것입니다."

"어떻게 만든다는 거지? 꽃 밑에 기계를 설치한다는 건가?"

"아닙니다. 피는 꽃의 종류에 따라서 시간을 알 수 있는 시계예요."

"오, 원더풀! 퍼펙트! 합격이네. 내일부터 당장 시작하지."

완벽하게 살인 미소를 구성하는 미모의 여직원에게 반한 건지, 꽃시계라는 독특한 아이디어 때문인지 뿌라다 시계의 아이디어가 낙점되었다.

그러나 다른 시계 회사 사람들이 웅성거리기 시작했다.

'수군수군! 웅성웅성!'

"아니 피는 꽃에 따라서 어떻게 시간을 알 수 있다는 거예요?"

"그래요. 우린 이해할 수 없어요."

"말만 그럴듯하게 하고 뽑히면 대충 지으려는 거 아니에요?"

이상하게 단결이 되어 버린 다른 시계 회사 사람들은 꽃으로 시계를 만든다는 것은 있을 수 없다며 뿌라다 시계를 생물법정에 고소하기에 이르렀다.

식물의 꽃은 빛의 세기와 양에 따라
꽃을 피우는 시간이 다릅니다.
각각의 생물 시계를 갖고 있는 셈이죠.

여기는 생물법정

꽃으로 시계를 만들 수 있을까요?
생물법정에서 알아봅시다.

원고 측 증언하세요.

꽃은 한 번 피면 질 때까지 항상 펴 있습니다. 즉, 시간에 따라 꽃이 피고 그에 따라 시계를 만든다는 것은 말도 안 되는 억지입니다.

그러면 아침에 피는 나팔꽃은 뭡니까?

판사님, 세상에는 예외라는 것이 있습니다. 나팔꽃은 예외이지요.

예외라고 하기에는 너무 많은 꽃들이 있는 것 같은데요.

에이, 그래도 꽃 전체로 따졌을 때 극히 드문 것이지요.

이상한 논리로 변론하는군요. 피고 측 증언하세요.

원고 측이 말한 '예외'의 꽃들로 꽃시계를 만들 수 있습니다. 화훼 개발 전문가 이쁘니 씨를 증인으로 요청합니다.

초록색 옷을 입고 빨간 목도리를 머리에 감고 빨간 립스틱을 바른 입술을 내밀은 이쁘니 씨가 증인석에 앉았다.

꽃은 어떻게 피는 것입니까?

식물의 생물 시계에 따라 피는 것이지요.

생물 시계가 무엇인가요?

식물이 언제 일하고 언제 쉬어야 할지를 알고 그에 따라 생활하는 것을 생물 시계라고 해요.

어떤 환경이 생물 시계를 작동시켜 꽃을 피우게 하나요?

온도에 따라 꽃이 피고 지는 것이 있지만 가장 크게 작용하는 것이 빛이에요. 빛의 세기와 양에 따라 꽃이 피고 지는 것이죠.

꽃이 피는 시간도 다 다르겠군요.

네, 다양한 식물들이 제각각의 생물 시계를 지니고 있기 때문에 꽃이 피는 시간도 계절도 다 다르죠.

꽃이 피는 시간을 이용하여 꽃시계를 만들 수 있나요?

가능하답니다. 다만 우리가 쓰는 시계처럼 정확히 몇 시라고는 가리킬 수 없지만요.

어떤 식으로 만들 수 있나요?

순서대로 말할게요. 우선 일출과 정오 사이에 민들레 – 제비꽃 – 채송화의 순서로 피어요. 정오와 해가 질 때까지는 도라지 – 패랭이꽃 – 분꽃 – 박꽃이 피지요. 해가 지고 자정까지는 달맞이꽃 – 월하미인이 피고 그 후 해가 뜨기 전에 나팔꽃 – 연꽃이 피어요.

식물에게는 생물 시계라는 것이 있어서 빛의 세기와 양에 따

라 꽃을 피우는 시간이 다릅니다. 따라서 시간대로 적절히 배
열만 할 수 있다면 꽃시계를 만들 수 있습니다.

 판결합니다. 꽃은 식물의 종류에 따라 피는 시간이 다 다르므
로 이론상으로 꽃시계를 만들 수 있으나 꽃시계는 우리가 사
용하는 시계처럼 정확하지 못할 우려가 있으므로 숫자를 사
용한 기계 시계와 함께 병행하여 만드시기 바랍니다.

판결이 끝난 후 뿌라다 시계는 다른 시계사와 연계하여 아름다
운 꽃시계를 만들었고 시민들의 사랑은 물론 관광객들을 유치하는
데도 큰 기여를 하였다.

꽃시계

식물학자 린네가 스웨덴의 웁살라에 만든 것이 유명하다. 린네는 꽃시계용으로 46종의 꽃 일람표를
만들었다고 한다. 그러나 최근에는 공원·광장 등에 장식용으로 만들고 있으며, 시계 문자판에 해당
하는 부분을 화단으로 하고, 그 밑에 대형의 완전 방수 처리한 시계를 내장함으로써 보다 정확한 시
각을 가리키는 꽃시계가 되었다. 한국에는 서울과 부산의 어린이 대공원에 꽃시계가 있다.

얼음과 튤립

왜 튤립은 기온이 낮으면 금방 시들까요?

박명소 씨는 벌써 10년째 튤립 농장을 경영하고 있다. 그리고 일 년에 한 번씩 사람들을 초대하여 튤립 쇼를 연다. 그날은 일 년 중 박명소 씨가 가장 뿌듯함을 느끼고 가장 기다려지는 날이기도 하다. 올해도 어김없이 튤립 쇼를 여는 날이 돌아왔다. 쇼는 오후 한 시에 시작될 예정이고 워낙 꼼꼼하고 철두철미한 성격인 박명소 씨는 이미 준비를 마치고 기다리고 있었다.

'따르르릉!'

"여보세요."

"호호호, 친구! 나야, 나!"

"아니, 이 목소리는 병아리 유치원의 산드라. 강력 접착제보다 더 끈질기고 가제트보다 더 강한 주먹을 가진 그 악명 높은 산드라 씨!"

"맞으려면 무슨 소리를 못하겠니, 그지? 호호호, 오랜만에 친구가 전화를 했는데 정말 고따구로 전화를 받으면 되겠니?"

"그런데 웬일이야? 평생 연락 한 번 안 하더니 배탈이라도 났냐?"

"하하, 친구야. 우린 친한 친구 맞지? 우리 유치원에서 현장 학습을 가야 하는데 마땅한 데가 없어서 고민 중이었는데, 근데 마침 너희 농장에서 튤립 쇼를 한다는 소문이……."

"어이를 새벽시장에 팔고 왔나 보군! 우리 사돈의 조카의 사촌의 팔촌인 사이였을 텐데 언제부터 저랑 친하셨는지?"

"왜 이래! 듣는 사돈의 조카의 사촌의 팔촌인 당사자 섭섭하다, 얘."

"자리 없어. 예약도 끝나고 표도 다 팔았어."

"어린이는 나라의 보물이잖니? 그럼 튤립 쇼 시작하기 전에 가서 튤립만 보고 올게. 됐지? 끊는다."

'뚝!'

"휴, 어쩔 수 없군."

누구보다 산드라 씨의 성격을 잘 아는 박명소 씨는 금방 체념해 버렸다. 그리고 얼마 후 산드라 씨가 유치원 아이들을 데리고 농장으로 왔다.

"특별히 조심해서 봐야 돼. 만지면 안 되고."

"까다롭게 굴긴! 후후, 일단 땡큐! 자, 애들아! 튤립 보러 가자."

"와아아!"

아이들은 소리를 지르며 튤립을 구경하기 시작했다. 아이들은 저마다 얼음이 들어 있는 음료수 컵을 하나씩 들고 있었다. 그 중에 유독 장난기가 심한 아이들은 튤립은 거들떠보지도 않고 서로 얼음을 던지며 놀았다. 던져진 얼음이 튤립 안에 떨어지기도 했지만 '녹으면 어차피 물이니까 괜찮겠지' 하며 산드라 씨는 별로 신경을 쓰지 않았다. 대충 농장 안을 다 둘러본 산드라 씨는 아이들을 데리고 유치원으로 돌아갔다.

"휴, 한바탕 전쟁을 치렀군. 자, 이제 한 시간밖에 안 남았으니까 다시 점검을 해야겠군."

마지막으로 쇼를 위해 준비해 둔 것을 점검하던 박명소 씨는 얼굴이 새하얗게 질리고 말았다. 쇼를 위해 준비해 둔 튤립이 모두 시들어 버린 것이었다.

"아이들이 오기 전까지는 아무런 이상이 없었어. 그래, 모두 다 산드라와 아이들 때문이야."

일 년 동안 기다려 왔던 튤립 쇼를 망쳐 버리자 화가 머리끝까지 난 박명소 씨는 생물법정에 산드라 씨를 고소하기에 이르렀다.

툴립은 꽃잎이 두 겹으로 되어 있으며
온도가 높으면 안쪽 세포가 성장하여 꽃이 피고
온도가 낮아지면 꽃이 지게 됩니다.

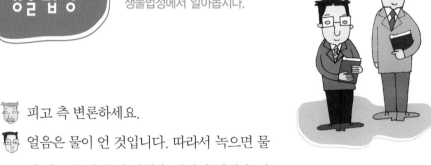

튤립은 어떻게 꽃을 피우는 것일까요?
생물법정에서 알아봅시다.

피고 측 변론하세요.

얼음은 물이 언 것입니다. 따라서 녹으면 물
이 되고 튤립에 별 영향을 끼치지 않았을 것
입니다. 오히려 물을 공급해 줘서 더 좋았으면 모를까.

좀 더 성의 있는 변론을 할 수 없나요? 에구, 저 친구 한동안
잘한다 싶더니만. 원고 측 변론하세요.

식물이 꽃을 피울 때는 여러 가지 조건이 있습니다. 화훼 재
배가 희동구 씨를 증인으로 요청합니다.

농부 차림을 한 희동구 씨가 증인석에 앉았다.

꽃은 왜 피는 것입니까?

가장 큰 목적은 씨앗을 만들어 자손을 얻기 위해서입니다.

꽃이 피는 시기가 다 다르던데 이유가 무엇입니까?

여러 가지 환경적 조건에 따라 식물이 반응하기 때문입니다.
봄에 피는 꽃이 있는가 하면 가을에 피는 꽃이 있지요. 또 같
은 꽃이라도 누가 최적의 조건에 있었느냐에 따라 다릅니다.

어떤 조건들의 영향을 받습니까?

대부분은 햇빛과 관련이 있습니다. 햇빛을 하루에 얼마만큼 받느냐에 따라 다른 것이지요.

요즘에는 봄, 가을 할 것 없이 모든 꽃들을 다 살 수 있잖아요.

인공적인 재배 방법 때문입니다. 온실에서 꽃을 키우기도 하며 햇빛과 비슷한 빛을 내는 등을 쬐어 줌으로써 식물이 착각하게 만들어 꽃을 피우는 것입니다.

튤립도 햇빛의 영향을 받습니까?

아닙니다. 튤립은 햇빛보다는 온도의 영향을 받습니다.

온도에 따라 어떻게 변하죠?

튤립은 온도가 높아지면 꽃이 피고 온도가 낮아지면 꽃이 집니다.

왜 그렇게 되는 것입니까?

튤립은 꽃잎이 두 겹으로 되어 있는데 온도가 높으면 안쪽의 세포가 더 성장하여 꽃이 핍니다. 반대가 되면 꽃이 지는 것이지요.

존경하는 재판장님, 튤립은 다른 꽃들과는 다르게 온도의 영향을 받습니다. 온도가 높으면 꽃이 피고 온도가 낮으면 꽃이 지는 것이지요. 따라서 얼음은 튤립 주변의 온도를 낮추었고 그 때문에 튤립의 꽃이 진 것입니다.

판결합니다. 얼음은 차가우므로 튤립에 떨어졌을 때 튤립이

주변이 차갑다고 인식하여 생장에 영향을 끼쳤을 것입니다. 따라서 얼음은 튤립을 지게 하는 데 직접적인 원인일 것입니다. 얼음을 가지고 노는 유치원생들을 통제하지 않은 산드라 씨에게 잘못이 있음을 선고합니다.

판결 후 산드라 씨는 박명소 씨에게 튤립 쇼를 하지 못한 것에 대한 배상을 하였다.

 튤립

튤립은 남동 유럽과 중앙아시아가 원산지이다. 추위를 잘 견디며 가을에 심는다. 잎은 밑에서부터 서로 어긋나게 자라고 밑 부분은 원줄기를 감싼다. 꽃은 4~5월에 1개씩 위를 향하여 빨간색·노란 색 등 여러 빛깔로 피며, 길이 7cm에 넓은 종 모양이다. 수술은 6개이고 암술은 2cm 정도로서 원 기둥 모양이며 녹색이다. 열매는 7월에 익는다. 관상용 식물로 원예 농가에서 재배한다.

마지막 잎새

왜 겨울엔 나뭇잎들이 하나도 없을까요?

우주인 군은 아이러브 대학에 다니고 있다. 그리고 그의 사랑하는 여자 친구 또한 같은 학교에 다닌 다. 오늘도 여전히 도서관에서 여자 친구와 함께 시험공부를 하고 있었다. 공부는 하지도 않고 한참을 쿨쿨 자고 있던 여자 친구 외계인 양이 갑자기 벌떡 일어나더니 우주인 군에게 말을 걸었다.

"달링, 우리는 정말 운명적인 만남일까?"

"우리 아기, 갑자기 무슨 소리야?"

"달링, 난 우리의 운명을 시험해 보고 싶어."

그리고 창밖에 있는 감나무를 가리키며 말했다.

"저기 나무 보이지? 저 나뭇잎들이 몇 개라도 떨어지지 않고 겨울을 넘긴다면 우린 운명이고 나뭇잎이 다 떨어지면 우린 운명이 아닌 거야. 흑흑, 그리고 난 달링과 헤어져야겠지. 흑흑, 그럼 달링! 겨울이 지나고 잎들이 남아 있으면 다시 만나."

말을 마치기가 무섭게 외계인 양은 '슝' 하고 사라져 버렸다.

"잎이 다 떨어지면 헤어져야 한다니……."

외계인 양을 너무나 사랑한 우주인 군은 그날 이후로 며칠을 끙끙 앓았다.

겨울이 지날 때까지 외계인 양을 볼 수 없다는 생각에 병이 생긴 것이었다. 그리고 잠꼬대를 할 때도 외계인 양의 이름만 불러 댔다.

그렇게 하루 이틀이 지나가고 어느덧 가을이 되었다. 그리고 단풍이 들고 잎들이 하나 둘 떨어지기 시작했다. 잎이 떨어지기 시작하자 우주인 군의 고민은 더 심해졌다. 이를 보다 못한 우주인 군의 친구들은 대책 회의를 열었다.

"어떻게 해서라도 나뭇잎을 나무에 붙여 놓아야 해."

"그 나무에만 비닐로 천막 같은 걸 쳐서 바람을 막아 볼까?"

"아이고, 쯧쯧. 그래도 시들어서 떨어지고 말 거야."

"음하하하!"

"웃음이 나오니?"

"기막히게 좋은 생각이 떠올랐어. 다들 모여 봐."

'소곤소곤!'

"오우, 좋은 생각인데!"

회의를 마친 친구들은 곧장 우주인 군을 찾아갔다.

"어이, 주인! 우리가 너를 살려 주러 왔다."

"어차피 저 잎들이 떨어지면 난 게인이랑 헤어지게 될 거야."

"짠! 과학공화국 특허청에서 특허 허가를 받은 초특급 울트라 강력 접착제. 이것만 있으면 너의 그 달링이랑 헤어지지 않아도 돼. 하하하!"

"이건?"

"이걸로 나뭇잎들을 다 붙여 놓으면 겨울이 지날 때까지 떨어지지 않을걸. 후후, 어때? 확 땡기지?"

"당장 출동."

이리하여 우주인 군은 그의 친구들과 함께 밤새 나뭇잎들을 나무에 다 붙여 놓았다. 그렇게 겨울을 무사히 넘기고 우주인 군은 다시 외계인 양과 한 쌍의 바퀴벌레처럼 붙어 다녔다. 그러던 어느 날 낯선 번호로 전화가 왔다.

"여보세요."

"생물법정입니다. 아이러브 대학 환경부에서 우주인 학생을 식물 상해죄로 고소하였으니 내일 생물법정으로 나와 주시죠."

'뚝!'

우주인 군이 친구들과 같이 나뭇잎을 붙였던 나무가 죽어 버린 것이었다.

화가 난 학교 관리실에서는 우주인 군을 생물법정에 고소를 하였고 생물법정에서 이 사건을 다루게 되었다.

겨울에는 나무 스스로가 잎과의 통로를 막아
영양분이 잎으로 가지 못하도록 하기 때문에
나뭇잎이 떨어집니다.

낙엽은 어떻게 생길까요?
생물법정에서 알아봅시다.

재판을 시작하겠습니다. 원고 측 변론하세요.

겨울이 되면 나무는 나뭇잎을 떨어뜨립니다. 왜냐하면 겨울에는 영양분을 얻기 힘들기 때문에 잎까지 전달할 영양분이 부족합니다. 따라서 나무가 겨울을 나기 위해서 어쩔 수 없이 나뭇잎을 떨어뜨려야 하는데, 피고는 나뭇잎에 테이프를 발랐고 나무가 잎까지 영양분을 주어야 했기에 영양실조로 결국 나무가 죽은 것입니다. 따라서 피고의 잘못으로 나무가 죽었음을 주장합니다.

피고 측 변론하세요.

산들산들 수목원 연구소장 산드리 박사를 증인으로 요청합니다.

연두색 가운을 입은 산드리 박사가 증인석에 앉았다.

하시는 일에 대해 말씀해 주세요.

수목원을 관리하면서 수목원 내에 있는 나무들을 연구합니다.

지금이 가을이니 단풍이 한창이겠군요.

그렇습니다. 색색의 단풍들이 장관을 이루고 있죠.

하지만 그 단풍도 바람이 불면 떨어지잖아요.

그렇습니다. 나무가 나뭇잎을 떨어뜨리도록 만들어 놓은 것이지요.

왜 나뭇잎을 떨어뜨리는 것이지요?

겨울을 나기 위해서입니다. 겨울이 되면 땅이 얼어 물을 얻기 어렵고 영양분도 부족하여 나무 자체도 살기 어렵습니다. 거기다 많은 잎까지 있다면 잘못하다가는 죽을 수도 있는 것이지요.

어떤 원리로 나뭇잎을 떨어뜨리는 것입니까?

보통 기온이 5℃ 정도 이하가 되면 나무는 나뭇잎 사이에 이어져 있던 통로를 서서히 막기 시작합니다. 나무에 있는 영양분을 잎에 보내지 않으려고 하는 것이지요. 통로가 완전히 막히면 나뭇잎은 떨어지게 되는 것입니다.

혹시 단풍도 관련이 있습니까?

네, 그렇습니다. 통로가 막히면 잎에서 만들어진 영양분이 나무로 가지 못하고 잎에 쌓이게 됩니다. 그러면 초록색을 띠던 엽록소가 파괴되면서 다른 색소들이 눈에 띄는 것이지요. 그것이 단풍입니다.

나뭇잎이 떨어지는 것은 나무가 스스로 잎과의 통로를 막았기

때문입니다. 따라서 나뭇잎을 테이프로 붙인다고 해서 그것은 장식일 뿐 나무에게 영향을 끼치지 않는다고 생각합니다.

 판결합니다. 기온이 떨어지면 나무는 자신이 겨우내 살아남기 위해서 잎을 떨어뜨립니다. 이때 잎을 떨어뜨리기 위해 잎과 연결되어 있던 통로를 막아 버리는데 결국 나뭇잎을 테이프로 붙였다고 해도 통로가 막힌 상태이므로 나무에 있던 영양분이 잎으로 가지 않을 것입니다. 이것은 막아 놓은 호수를 연결시키더라도 물은 통과하지 않는다는 원리와 비슷한 것입니다. 따라서 피고의 잘못으로 나무가 죽었다고 보기 힘들며 다른 원인을 조사할 것을 선고합니다.

판결 후 환경부에서는 나무가 죽은 원인을 조사하였고 우주인 군은 여자 친구와 헤어지지 않고 잘 지냈다.

엽록소

녹색 식물의 잎 속에 들어 있는 화합물로 클로로필이라고도 한다. 엽록소는 엽록체의 그라나(grana) 속에 함유되어 있다. 엽록소에는 a · b · c · d · e와 박테리오클로로필 a와 b 등 여러 가지가 알려져 있다. 이들은 그 분자 속에 한 원자의 마그네슘(Mg)을 갖는 것이 특징이다. 엽록소는 녹색 식물의 엽록체 속에서 빛 에너지를 흡수하여 이산화탄소를 유기 화합물인 탄수화물로 동화시키는 데 쓰이도록 하기 때문에 광합성에서 가장 중요한 구실을 하고 있는 물질이다.

녹차와 홍차

녹차와 홍차가 이란성 쌍둥이라고요?

무역 회사의 사장인 나르다 씨는 직업 때문이기도 하지만 여행을 무척 좋아하여 출장을 핑계 삼아 여행을 자주 다녔다. 그러나 유명한 여행지란 여행지는 다 다닌 탓에 이제 더 이상 갈 곳이 없었다. 그래서 지루한 회사 일에 지쳐 갔고 점점 사람은 이상해져 갔다.

"나는 따분 고양이! 힘든 회사 생활에 지치는 작은 동물. 나는 따분 고양이! 멀리 떠나가 버린 나의 멋진 여행아!"

"사장님, 또 노래 부르시네. 노래만 부르시지, 꼭 어린애처럼 키보드를 탕탕 두드리신다니까."

"매일 저걸 들으니까 이제 머릿속에서 계속 맴돌아."

"그래, 우리가 비서인 게 죄다, 죄."

비서들은 매일 반복되는 나르다 씨의 이상한 노래로 소음 공해에 시달려야만 했다. 나르다 씨는 실컷 노래를 부른 뒤 시계를 보았다.

"흠흠, 내가 좋아하는 프로그램 '여행이 좋다' 할 시간이네. 오늘은 어떤 여행지가 나와서 날 추억 속에 잠기게 할까?"

나르다 씨는 노래를 중단하고 텔레비전을 켰다. 경쾌한 음악과 함께 프로그램이 시작됐다.

"안녕하세요? '여행이 좋다' 진행의 여행가입니다. 오늘은 '여행이 좋다' 300회 특집으로 오지만 골라서 여행하신다는 오지 여행가 단거러스 씨를 모시고 이야기를 나눠 보겠습니다."

"오지 여행? 오호, 그래 봤자 내가 갔던 곳이겠지."

그러나 나르다 씨의 예상이 빗나갔다. 단거러스 씨는 듣지도 보지도 못한 특이한 지역만 다닌 것이었다. 나르다 씨는 점점 '여행이 좋다' 속에 푹 빠지게 되었다.

"가장 인상 깊었던 곳은 어디였습니까?"

"제가 개인적으로 차 마시는 것을 좋아하는데 치인나 왕국에서 마셨던 녹차가 가장 인상 깊었습니다."

"녹차요? 우리가 마시는 녹차 말씀하시는 거죠?"

"네, 하지만 거기서는 잎을 따 말린 후 바로 끓여 마시더라고요.

일반 녹차에서 느낄 수 없는 그 깊고 은은한 맛이 아직도 입안을 맴도는 것 같아요. 제가 가져왔는데 좀 드셔 보세요."

"물 색깔은 일반 녹차와 같은데…… 스읍! 어머, 정말 놀라운 맛이에요. 깊고 은은한 녹차의 맛! 저도 잊을 수 없을 것 같네요. 호호!"

나르다 씨는 그 방송을 보고 무릎을 탁 쳤다. 그리고 당장 단거러스 씨가 쓴 책 《오직 오지뿐》을 사서 치인나 왕국에 대해 책이 뚫어져라 읽었다.

"여보, 출장을 좀 다녀와야겠소. 치인나 왕국으로 말이오."

"치인나 왕국이오? 처음 들어 보는 이름이네요. 어떤 곳이죠?"

"이 책을 보구려. 여기에 자세히 나와 있어."

나르다 씨의 아내는 《오직 오지뿐》에 나오는 치인나 왕국에 대한 내용을 찬찬히 읽어 본 후 깜짝 놀라며 나르다 씨를 말렸다.

"여보, 꼭 그곳에 가야겠어요? 비행기로 이틀을 가서 다시 배로 갈아 타 하루 걸리는 곳이라잖아요."

"다 사업을 위해서야. 그곳의 녹차만 사 가지고 오면 우린 또 대박 아이템을 얻는 거야."

"거기서 병이라도 얻으면요? 말도 안 통할 텐데, 가서 큰일이라도 생기면요?"

"괜찮아. 이때까지 모든 곳을 잘 다녀왔잖아. 온 나라 공통 언어인 보디랭귀지만 있으면 다 통해."

과학공화국
생물법정 5

나르다 씨는 모든 이들의 만류에도 아랑곳하지 않고 치인나 왕국으로 향했다. 꼬박 3일이나 걸려서 간 치인나 왕국에 내린 나르다 씨는 기지개를 쭉 폈다.

"드디어 도착했다. 읍! 이 냄새는 뭐지?"

나르다 씨는 주변을 돌아보고는 인상을 팍 썼다. 여행을 오면 기본 3박 4일인 나르다 씨였지만 치인나 왕국에서는 도저히 머물 수 없겠다는 생각이 들었다. 사람들은 씻지 않아 온몸에서 냄새가 풍겼고 머리는 기름지다 못해 떡이 되어 반들거렸다. 모든 건물들은 낡아 곧 쓰러질 것 같았고 무엇보다도 깨끗한 물을 찾아보기란 힘들었다.

"빨리 녹차 잎만 구해서 가 버려야지. 그런데 어디서 녹차를 파는지도 모르겠네. 어쩌지? 아!"

나르다 씨는 가방을 주섬주섬 뒤져 녹차 티백을 찾아내 뜯어 잎을 손에 쥐었다. 그 후 지나가는 사람에게 보여 주며 온갖 보디랭귀지를 했다. 치인나 왕국 사람은 처음에는 못 알아듣다가 차 잎을 보더니 알겠다는 듯 나르다 씨를 데려갔다. 골목골목을 돌아 나타난 곳은 녹차 잎을 파는 거리였다.

"후아, 그래도 겨우 찾았네. 그런데 정말 녹차 맞아? 아무 집이나 들어가 보자."

나르다 씨는 아무 집이나 들어가서 녹차 잎이 맞는지 확인하였다. 그 가게 주인은 이방인을 신기한 듯 보면서 인심 쓰듯 녹차 한

잔을 건네주었다.

"음, 이 맛이야. 내가 먹어 본 녹차 중에 최고의 맛인걸! 이거 다 주쇼!"

나르다 씨는 가게 안에 있는 녹차를 다 살 거라고 보디랭귀지로 설명했다. 그러자 한참 후 나르다 씨의 보디랭귀지를 이해한 가게 주인은 매우 고맙다는 듯 손을 꼭 잡고 연신 인사하며 눈물을 보였다. 나르다 씨는 매우 싼 물가 덕에 다른 가게의 녹차 잎도 싹쓸이하여 가장 운송비가 적게 드는 배편으로 녹차 잎을 실어 보내고 자신은 먼저 과학공화국으로 돌아왔다. 그리고 가장 친한 식품 회사 사장인 마이따 씨를 집으로 초대해 치인나 왕국의 녹차를 소개했다.

"어때? 내가 고생해서 사 온 치인나 왕국의 녹차일세."

"음, 아주 좋아! 뭔가 깊이 있는 맛인걸. 기존에 나온 녹차와는 다른 맛이야."

"치인나 왕국이라는 오지에서 가져온 차별화된 녹차의 맛! 대박 상품이지 않나?"

"그렇긴 하지. 물량은 확보해 놨나?"

"당연하지. 얼마 후 도착할 걸세."

"그럼, 물품이 오는 대로 우리 회사에 보내 주게."

이렇게 두 회사는 녹차 잎을 거래하였다. 나르다 씨는 곧 돈방석에 앉을 자신을 생각하며 어서 물품이 도착하여 상품이 나오길 기다렸다.

"사장님, 맛나 식품 마이따 사장님 전화입니다."

"물건이 도착했나 보군. 어때? 그 정도면 상품으로 만들어 내놓아도 충분한 물량이지 않나?"

"미안하지만 이 거래는 취소해야겠네."

"아니, 갑자기 무슨 소리야?"

"우리가 원한 건 녹차이지 홍차가 아닐세. 제대로 사 온 것 맞기는 한가?"

"분명 배에 싣기 전에도 내가 직접 일일이 녹차 잎인 것을 확인했다네."

"하지만 우리가 받은 것은 홍차 잎이야. 나사장을 믿었는데 이렇게 일하면 안 되지. 실망이 크군. 어쨌든 물량은 돌려보내겠네."

갑자기 마른하늘에 날벼락이 떨어진 나르다 씨는 돌아온 상자를 뜯어 차를 우려내 보았다. 그러자 녹색 물이 아닌 시뻘건 물이 우러나왔다.

"분명 내가 다 확인했는데, 이상하다. 누가 바꿔치기한 건가? 아니야, 그럴 리가!"

좌절에 빠진 나르다 씨는 이 일이 어떻게 된 것인지 생물법정에 의뢰하게 되었다.

차나무에서 잎을 따서 수증기로 찌면 녹차가 되고,
찌지 않으면 녹색 색소가 파괴되어 갈색의 홍차가 되지요.

녹차와 홍차는 같은 것일까요?
생물법정에서 알아봅시다.

 생치 변호사, 변론하세요.

 제가 유리컵에 녹차와 홍차를 직접 타서 보여 드리겠습니다.

> 생치 변호사가 따뜻한 물이 담긴 유리컵 두 잔을 가져왔다. 한 유리컵에는 녹차 티백을, 또 다른 유리컵에는 홍차 티백을 넣었다. 녹차 티백 유리컵에는 녹색 물이, 홍차 티백 유리컵에는 빨간 물이 우러나왔다.

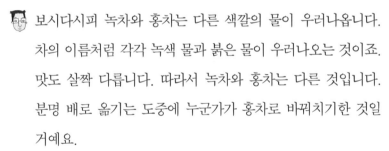 보시다시피 녹차와 홍차는 다른 색깔의 물이 우러나옵니다. 차의 이름처럼 각각 녹색 물과 붉은 물이 우러나오는 것이죠. 맛도 살짝 다릅니다. 따라서 녹차와 홍차는 다른 것입니다. 분명 배로 옮기는 도중에 누군가가 홍차로 바꿔치기한 것일 거예요.

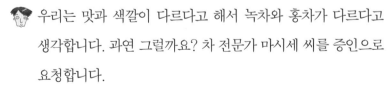 비오 변호사, 변론하세요.

우리는 맛과 색깔이 다르다고 해서 녹차와 홍차가 다르다고 생각합니다. 과연 그럴까요? 차 전문가 마시세 씨를 증인으로 요청합니다.

과학공화국의 전통 복장을 입고 도자기 컵에 차를 담아 마
시며 마시세 씨가 증인석에 앉았다.

녹차와 홍차는 다른 종류인가요?

차로 따지면 다른 것이지만 원료는 같아요.

원료가 같다니요?

간단히 말하면 제조법에 따라 녹차가 될 수도 있고 홍차가 될
수도 있지요.

자세하게 설명해 주세요.

차나무에서 잎을 따서 수증기로 찌면 찻잎의 녹색 색소가 파
괴되지 않고 남아서 녹차가 돼요. 하지만 수증기로 찌지 않으
면 녹색 색소가 파괴되어 갈색이 되지요. 이것이 홍차입니다.

찻잎으로 우려낸 차 중에 우롱차라는 것도 있던데 이것도 같
은 재료인가요?

네, 녹차가 발효돼서 홍차로 되기 전에 발효를 멈추게 한 것
이 우롱차예요. 그러니까 녹차와 홍차의 중간 단계가 우롱차
인 것이죠.

녹차는 다 같은 녹차 맛이겠죠?

아니에요. 어느 나라, 어느 지방에서 자란 차나무냐에 따라
녹차 맛이 달라져요. 하지만 이런 차이는 차의 맛을 아주 잘
아는 사람만이 느낄 수 있답니다.

🐶 녹차가 홍차보다 몸에 더 좋나요?

😊 녹차와 홍차의 효능은 거의 똑같아요. 다만 구성 성분의 차이가 있긴 하지만 몸속으로 들어왔을 때는 거의 똑같이 작용하죠.

🐶 녹차와 홍차의 어떤 성분이 몸에 좋나요?

😊 많은 것들이 있지만 크게 폴리페놀이라는 성분과 카테킨이라는 성분이 몸에 좋지요.

🐶 폴리페놀은 우리 몸에 어떤 작용을 하나요?

😊 심장질환과 암을 예방하고 병에 대한 면역력을 높여 줘요. 그리고 장의 나쁜 균은 죽이고 좋은 균은 더 잘 자라게 도와주지요. 또 소화가 잘 되게 하고 집중력을 높여 줘요.

🐶 카테킨은 우리 몸에 어떤 작용을 하나요?

😊 지방을 몸 밖으로 빠져나가게 하여 다이어트에 좋은 성분이죠. 또 감기 예방에도 좋답니다. 또 몸속에 있는 콜레스테롤이라는 성분을 감소시켜 고혈압을 억제해 준답니다.

🐶 녹차와 홍차를 마시면 몸에 좋군요.

😊 대개는 그렇지만 어린이나 당뇨병 환자, 임산부, 신장에 돌이 있는 병을 앓는 사람, 영양 부족인 사람, 약물 중독에 빠진 환자, 간에 병이 있는 환자는 자주 안 마시는 게 좋아요.

🐶 녹차와 홍차는 차나무에서 잎을 따 어떻게 가공했느냐에 따라 만들어지는 것입니다. 잎을 따서 수증기로 쪄 내면 녹차가

되는 것이고 잎을 따 그대로 놔두면 잎이 갈색으로 변하면서 홍차가 되는 것이지요. 그렇지만 녹차와 홍차는 우리 몸에서 거의 비슷한 효능을 나타냅니다.

판결합니다. 녹차 잎을 땄을 때 수증기로 쪄 내면 녹차 그대로 가지만 나르다 씨가 산 치인나 왕국에서는 녹차 잎을 따서 수증기로 쪄 내지 않았으므로 배로 운반하는 도중 잎이 발효되어 홍차로 바뀐 것입니다. 그러나 녹차와 홍차는 맛과 향만 다를 뿐 몸에 미치는 효능은 거의 같습니다.

판결 후, 나르다 씨는 녹차와 홍차는 맛과 향만 다르고 결국 먹으면 똑같다고 마이따 씨를 설득하였다. 그래서 결국 마이따 씨는 '치인나 홍차'라는 상품을 내놓았고 소비자 사이에서 선풍적인 인기를 모았다.

 녹차

녹차를 처음으로 생산하여 마시기 시작한 곳은 중국과 인도이다. 그 후 일본 · 실론 · 자바 등 아시아 각 지역으로 전파되었으며, 오늘날에는 중국에 이어 일본이 녹차 생산국으로 자리 잡고 있다. 차는 제조 과정에서의 발효 여부에 따라 녹차 · 홍차 · 우롱차로 나뉜다. 어떤 차를 제조하든 차나무의 잎을 원료로 사용한다. 새로 돋은 가지에서 딴 어린잎을 차 제조용으로 사용하며 대개 5월 · 7월 · 8월의 세 차례에 걸쳐 잎을 따는데, 5월에 딴 것이 가장 좋은 차가 된다.

식물도 암수가 있다고요?

식물에도 암수가 따로 있을까요?

사건속으로

과학공화국에는 많은 학회들이 있다. 그 학회들 중 유독 서로 라이벌 의식을 느끼는 학회가 있었으니 바로 동물 학회와 식물 학회였다. 이 두 학회는 서로 만나기만 하면 으르렁거리며 부딪히기 일쑤였다.

이 두 학회가 견원지간이라는 것을 모르는 사람은 거의 없었고 웬만하면 이 두 학회를 같이 초청하는 일도 있을 수 없었다.

유명 방송국에서 일하는 김피디 씨는 토론회 연출을 맡고 있다. 그리고 이번 주에는 창사 60주년을 맞아 100분 동안 '식물과 동물에 관한 대담회' 란 타이틀로 방송을 하기로 했다. 창사 특집인 만큼 위에서도 은근히 압박을 주고 있었다. 문제는 캐스팅이었다. 주제가 그렇다 보니 동물 학회와 식물 학회 관계자들이 필요했지만, 김피디 씨 역시 이 두 학회의 소문에 대해선 누구보다 잘 알고 있어 선뜻 결정을 하지 못하고 있었다. 방송 날짜는 점점 더 다가왔고 과도한 스트레스로 인해 머리카락이 빠질 지경에 이르렀다. 다크 서클은 발끝까지 이미 내려가 있었다.

"으아아아! 이러다가 내가 먼저 미쳐 버리겠군. 에라, 모르겠다. 설마 방송인데 싸우기야 하겠어?"

'따르릉!'

"네, 동물 학회입니다."

"네, 여기는 유명 방송국인데요. 이러쿵저러쿵 여차저차해서 이렇게 됐는데 출연하실 수 있는지?"

"물론 출연해야죠."

"완전 감사드려요. 그럼 그때 뵙죠."

"휴! 하나는 끝났고 이제 또 산이 하나 남았군."

'따르릉!'

"네, 식물 학회입니다."

"네, 이래저래 여차저차한데 가능하시겠어요?"

"당연히 해 드려야죠."

"그럼 나오시는 걸로 알고 있겠습니다."

김피디 씨는 캐스팅 문제를 해결하자 모든 게 다 끝난 것처럼 해

방감을 느꼈다.

"앗싸! 자유다. 하하하!"

그리고 시간은 흘러 마침내 방송 당일이 되었다. 두둥~! 드디어 동물 학회의 대서 회장과 식물 학회의 영표 회장이 부딪히게 되었다.

"흥! 자네도 출연하는 거였어? 갑자기 방송이 하기 싫어지는 이유는 뭘까? 나나나."

"누가 할 소리! 겁이 나면 겁이 난다고 하게. 자넨 좀 솔직해질 필요가 있어. 하긴 머리는 내가 좀 되지. 크크!"

"큰소리치기는! 내가 그 콧대를 납작하게 해 주겠어."

방송을 시작하기 전 내내 이 둘은 또다시 신경전을 벌이고 있었다.

드디어 방송이 시작되고 시작 멘트를 마친 아나운서가 식물 학회의 영표 회장에게 먼저 마이크를 건넸다.

"오늘 이 자리에서 서프라이즈한 사실을 하나 알려 드리겠어요. 저희 식물 학회에서 오랜 시간 연구에 연구를 거듭해 알아낸 사실이죠. 하하! 사실 동물에만 암놈, 수놈이 있는 게 아니에요. 우리 식물도 암놈, 수놈이 있죠."

안 회장이 말을 마치기가 무섭게 대서 회장이 마이크를 매섭게 빼앗아 갔다.

"아이고 이 무식한 사람아! 당신 정말 식물 학회 회장 맞나? 식물이 다리가 있어? 어떻게 암놈, 수놈이 있다는 거야? 흥, 한심한 놈!"

"뭐야! 한심하다고?"

"이 답답한 사람아! 그 연구에 들어간 연구비가 아깝네. 허허!"

방송을 하다 옥신각신 다투는 두 사람 때문에 결국 창사 특집 토론회는 100분을 다 채우지 못하고 끝나게 되었다. 방송국을 나와서도 화가 풀리지 않은 식물 학회 회장은 씩씩거리며 생물법정으로 향했다.

"한심한 놈이라고? 흥, 내가 오늘 받은 수모를 그대로 돌려주겠어."

결국 영표 회장은 동물 학회 회장을 생물법정에 고소하였다.

은행나무, 아스파라거스, 삼, 뽕나무, 시금치, 고사리 등이
암수가 구별된 암수딴그루 식물들이죠.

성이 구별된 식물이 있을까요?
생물법정에서 알아봅시다.

 피고 측 변론하세요.

 식물에도 성이 있습니다. 꽃을 보면 암술,

수술이 있는 것을 보면 말이죠. 하지만 이

성은 한 식물 안에 있는 것이고 암술, 수술이 분리된 것을 본

적이 없습니다. 따라서 식물의 성은 합쳐져 있습니다.

 원고 측 변론하세요.

 식물 생태 연구가 지나게 박사를 증인으로 요청합니다.

흰 가운을 입은 지나게 박사가 증인석에 앉았다.

 식물에게도 성이 있습니까?

 당연합니다. 식물도 생물이므로 자손을 이어 나가는 능력이

있습니다. 식물은 '씨앗' 을 만들어 자손을 이어 나갑니다.

 어느 부분에서 씨를 만드는 것입니까?

 대부분의 식물은 꽃에서 만듭니다. 꽃에는 식물이 씨앗을 만

들기 위해 필요한 재료들이 있습니다. 동물의 정자와 난자에

해당하는 암수가 모두 꽃 안에 있지요.

그러면 모든 식물의 꽃에 암수가 같이 있습니까?

아닙니다. 암수가 따로 있는 꽃이 있는가 하면 아예 암수가 구별된 식물이 있습니다.

신기한 사실이군요. 암수가 구별된 식물이 있다는 게.

암수가 한 식물에 같이 있는 식물을 '암수한그루', 암수가 따로 구별된 식물을 '암수딴그루'라고 합니다.

암수딴그루 식물에는 어떤 것들이 있죠?

우리와 가장 친숙한 식물로는 은행나무가 있습니다. 은행나무는 암나무, 수나무라고 부르죠. 그 외에 아스파라거스, 삼, 뽕나무, 시금치 등이 있고 고사리 같은 양치식물 대부분이 암수딴그루 식물입니다.

우리가 주변에서 흔히 볼 수 있는 은행나무에도 암나무, 수나무처럼 암수 구분이 되어 있습니다. 따라서 식물에도 암수가 따로 존재한다는 주장이 맞습니다.

세계에서 가장 오래된 나무

세상에서 가장 오래된 나무는 메두살레나무로 미국 캘리포니아의 비숍 근처에 있는 화이트산에 있다. 이 나무는 소나무의 일종인데 마디가 지고 굴곡이 생기는 현상 때문에 살아 있는 부목이라고 한다. 이 나무는 솔잎 같은 가는 잎이 나 있다. 이 나무들 중에 가장 오래된 나무는 4천9백 년이나 된 것도 있다고 한다. 이 나무는 워낙 장수하기 때문에 성경에 나오는 메두살레라는 사람의 이름을 따서 메두살레나무라고 이름을 지었다고 한다. 메두살레는 성경에 969살까지 산 것으로 되어 있다. 메두살레나무는 더디게 성장하기 때문에 100년에 고작 3cm밖에 몸이 굵어지지 않는다고 한다.

판결합니다. 흔히 한 식물 안에 암수가 같이 존재하지만 은행 나무 등 사람처럼 암수가 구별된 식물들도 꽤 있습니다. 따라서 식물에도 암수가 따로 존재한다는 식물 학회의 주장이 옳음을 선고합니다.

판결 후 식물 학회는 의기양양해져서 동물 학회를 무시했다. 그러나 그 후 동물 학회에서 동물에도 암수가 함께 존재하는 동물이 있다고 주장해서 식물 학회를 혼란에 빠뜨렸고 식물 학회와 동물 학회는 또다시 논쟁에 휩싸였다.

식물의 구성

식물의 몸은 꽃, 잎, 줄기, 뿌리로 되어 있고 각각의 기능이 서로 다릅니다.

식물은 동물과 달리 스스로 영양분을 만들어 내는데 그 일을 하는 곳이 바로 잎입니다. 잎의 숨구멍을 통해 들어온 빛과 이산화탄소, 그리고 뿌리로부터 끌어올린 물은 엽록체에서 반응을 일으켜 영양분을 만들지요.

줄기에는 두 종류의 관이 있는데 이 부분을 관다발이라고 하죠.

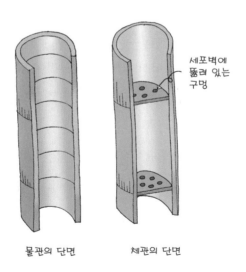

세포벽에 뚫려 있는 구멍

물관의 단면　　　　체관의 단면

물관과 체관을 이루고 있는 세포

과학성적 끌어올리기

- 물관: 뿌리가 흡수한 물을 위로 올려 주는 역할을 하죠. 관다발의 안쪽에 있어요.
- 체관: 잎에서 만들어진 영양분을 식물의 몸 구석구석으로 보내죠. 관다발의 바깥쪽에 있어요.

줄기의 모양이 특이한 식물들이 있어요. 딸기의 줄기가 땅을 기어가죠. 또 감자는 줄기에 양분을 저장하죠. 아이리스는 줄기가 땅속에 있지요. 탱자나무는 줄기가 가시로 변했죠. 포도는 줄기가 덩굴손으로 변해 감아 올라가죠. 선인장은 줄기가 넓어져 잎처럼 보이죠.

식물의 뿌리는 땅으로부터 물을 흡수해요. 뿌리에서 흡수된 물은 줄기의 물관을 통해 잎으로 올라가죠. 뿌리는 어떻게 땅속을 뚫을까요? 간단해요. 뿌리의 끝에는 생장점이 있고 이 속에는 뿌리를 자라게 하는 성장 호르몬이 들어 있죠. 또 생장점을 보호하는 뿌리골무가 있어요. 이 뿌리골무가 땅을 뚫는 역할을 하죠.

뿌리는 어떻게 물을 끌어올릴까요? 물은 농도가 낮은 쪽에서 농도가 짙은 쪽으로 흘러 들어가는 경향이 있어요. 뿌리 속의 물의 농도는 짙고 흙 속의 물의 농도는 낮으니까 흙 속의 물이 뿌리로 들어가게 되죠.

특이한 모양의 뿌리를 가진 식물도 있어요. 고구마는 뿌리에 양분을 저장하죠. 옥수수는 뿌리가 땅 위로 나와 몸을 지탱하죠. 담쟁이덩굴은 뿌리가 다른 물체에 붙어 자라요. 겨우살이는 다른 식물에 뿌리를 내리고 지내죠.

이제 꽃에 대해 알아봅시다. 수술의 꽃가루가 암술머리에 옮겨지는 것을 수분이라고 하죠. 수분의 방법에는 다음과 같은 것들이 있어요.

- 곤충에 의한 수분: 대부분의 꽃이 피는 식물
- 바람에 의한 수분: 소나무 또는 보리
- 물에 의한 수분: 나사말, 검정말, 큰마디말, 붕어마름과 같이 물 속 식물들

이제 수정에 대해 알아볼까요? 암술머리에 온 꽃가루가 꽃가루관을 통해 씨방 속의 밑씨와 결합하는 것을 수정이라고 하죠. 수정 후 밑씨는 자라서 씨앗이 되고 씨방은 열매가 되죠.

꽃은 갖춘꽃과 안갖춘꽃으로 나눌 수 있죠.

- 갖춘꽃: 한 송이의 꽃이 암술, 수술, 꽃잎, 꽃받침을 모두 가지고 있는 꽃
- 안갖춘꽃: 암술, 수술, 꽃잎, 꽃받침 중 적어도 하나 이상 없는 꽃

꽃잎의 모양에 따라 꽃은 통꽃과 갈래꽃으로 나뉘죠.

● 통꽃: 꽃잎이 모두 붙어 있는 꽃

● 갈래꽃: 꽃잎이 떨어져 있는 꽃

꽃의 색깔이 여러 가지인 것은 꽃 속의 색소가 다르기 때문이죠.

● 빨간 꽃, 파란 꽃: 안토시안을 가지고 있죠.

● 노란 꽃, 주황 꽃: 카로틴을 가지고 있죠.

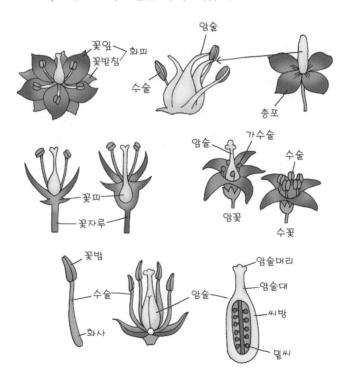

씨앗

씨앗의 크기는 식물에 따라 다르답니다. 식물의 씨앗은 바깥쪽은 겉껍질로 싸여 있고 그 속에는 배젖이 있고 배젖 속에 배가 있죠. 배는 떡잎, 어린줄기, 어린뿌리로 이루어져 있죠. 배젖이 있는 씨앗은 배가 사용할 양분을 배젖에 저장하죠. 우리가 주로 먹는 벼, 감, 옥수수, 보리 등은 바로 씨앗의 배젖 부분이죠.

하지만 어떤 씨앗은 배젖이 없기도 해요. 배젖이 없는 강낭콩은 양분을 떡잎에 저장하죠. 우리가 먹는 강낭콩이나 팥은 바로 씨앗의 떡잎이에요.

씨앗의 싹트기

씨앗이 싹트기 위해서는 공기와 물이 있어야 해요. 씨앗은 다음과 같은 순서로 싹을 틔우죠.

1) 씨앗 속에서 뿌리가 나오죠.
2) 뿌리가 땅속으로 자라죠.
3) 떡잎이 씨앗의 껍질 속에서 나오죠.
4) 떡잎은 땅 위로 솟아나죠.

씨앗의 번식

씨앗이 퍼지는 것을 번식이라고 하는데 다음과 같이 세 가지 경우로 나눌 수 있습니다.

- 바람에 날려 퍼진다.

   이런 씨앗들은 씨앗에 날개와 털이 있어 낙하산처럼 잘 날 수 있죠. 예를 들면 단풍나무, 소나무, 민들레, 씀바귀 등이죠.

- 터뜨리면서 흩어진다.

   이런 씨앗들은 만지면 톡 터진답니다. 예를 들면 나팔꽃, 봉숭아, 괭이밥, 산등나무 등이죠.

- 동물의 털이나 사람의 옷에 붙어서 퍼진다.

   이런 씨앗들은 끝에 뾰족한 바늘이 있어 사람이나 동물의 털에 잘 붙죠. 예를 들면 도깨비바늘, 도꼬마리, 도둑놈의 갈고리 등이죠.

과일에 관한 사건

벌레가 있잖아요?

유기농법으로 농사를 지으면 벌레가 많은 이유가 뭘까요?

사건속으로

"일상이 지겹고 따분해. 으으!"

회사원 이따분 씨는 오늘도 늘어지게 하품을 하고 무기력하게 책상 앞에 앉아 있었다. 서류들은 하얀 것은 종이요, 까만 것은 글씨이고 컴퓨터 화면은 '한번 싸워 볼래?' 라는 듯이 이따분 씨를 노려보는 것 같았다.

"이딴 거 다 집어치우고 어디론가 도망갔으면 좋겠다."

이따분 씨는 빈 종이에 볼펜으로 죽죽 긋고 갑자기 막 찢기 시작했다.

"자네, 지금 뭐하는 건가?"

"앗, 과장님!"

이따분 씨의 직장 상사인 한까탈 과장이 이따분 씨를 노려보고 있었다. 한까탈 과장은 안 그래도 이따분 씨가 맘에 들지 않아 약점이 잡히길 은근히 기다리고 있었는데, 이때다 싶어서 잔소리를 마구마구 쏘아 댔다.

"이따분 자네 요새 일하는 태도가 영 좋지 않아. 지난번 회의 때도 사장님까지 다 오셨는데 꾸벅꾸벅 졸고 있지 않나, 보고서에는 왜 그렇게 낙서가 많아? 회사가 물로 보이나?"

"아, 아닙니다."

"앞으로 자네 태도 지켜보겠네. 에헴."

과장은 불뚝 나온 배를 들이밀며 느릿느릿한 팔자걸음으로 과장실로 걸어갔다. 이따분 씨는 과장을 향해 '메롱'을 하다 과장이 획 돌아보는 바람에 너무 놀라 혀를 깨물어 눈물이 찔끔 나왔다.

"쯧쯧, 괜찮아? 과장님 너 혼내려고 벼르고 계셨어."

"말 시키지 마. 아이고, 혀야. 너 혹시 올아메디 있어?"

"그런 거 없어. 인터넷에 혀 안 아프게 하는 방법 찾아봐."

이따분 씨는 인터넷 창을 켰다. 그리고 '혀 깨물었을 때'라고 쓰고 엔터를 치려는 순간 오른쪽 화면에 '행복한 귀농 스토리'라는 뉴스의 제목이 보였다. 이따분 씨는 무심결에 뉴스 제목을 클릭했다. 뉴스의 내용은 이러하였다.

행복한 귀농 스토리 - 과학공화국의 대표적 대기업 S기업에 다니던 김천재 씨는 부모님이 계신 시골로 내려와 농부가 되었다. 주변 사람 모두들 앞길이 보장된 대기업을 그만두고 농부가 되겠다는 김천재 씨를 말렸지만 김천재 씨는 '나는 어릴 적부터 부모님을 모시고 농사를 짓는 것이 꿈이었다'라고 밝혀 모두를 놀라게 하였다. 지금 그는 어릴 때부터 구상한 유기농법 중 하나인 '오리농법'을 이용하여 고소득을 올리고 있다.

그러나 '삭막한 대도시를 떠나 자연과 하나가 되는 기쁨에 살고 있다'라고 말하며 소박하게 웃는 그의 모습에서 작은 행복이 느껴진다.

이따분 씨는 뉴스를 읽은 후 어릴 적을 회상해 보았다. 아버지를 따라 논에서 김을 매던 것, 과수원에 들어가 사과를 따 먹던 일…… 모두가 행복한 시간이었다.

"그래, 결심했어. 나도 귀농할 테야!"

이따분 씨는 회사를 그만두고 그동안 모아 둔 돈으로 도시 근교의 집을 사고 조금의 땅을 샀다. 마당에는 과일나무를 심었고 땅에는 각종 야채들을 키웠다. 그때 유기농법이 한창 뜨고 있었던 터라 서점에서 유기농법에 관한 책을 다 구입해 열심히 연구하여 자신만의 독특한 유기농법을 개발하였다. 몸은 고단했지만 하루하루 행복한 나날이었다. 그러던 중 회사 동료였던 친숙해로부터 연락이 왔다.

"야, 이따분! 시골에서 잘 지내고 있는 거야?"

"숙해구나! 오랜만이다. 나야 늘 즐겁게 지내고 있지."

"와아! 회사에서 항상 축 처진 목소리로 말하던 이따분 맞아? 목소리에 생기가 있네. 나는 시골에서 절망하고 있을 줄 알고 위로하려 했더니만."

"절망은 무슨? 과일들이 열리는 모습, 야채들이 크고 있는 모습을 보면서 하루하루 즐겁게 지내고 있어."

"이야, 부러운데? 참, 우리 회사 사람들 네 집에 놀러 갈까 싶은데 이번 일요일 시간 어때?"

"나야 늘 환영이지. 그럼 일요일에 보자고."

화창한 일요일, 회사 사람들이 이따분 씨의 집을 방문했다.

"어서들 오세요. 여러분들을 위해 이 지역의 명물인 흑돼지를 사서 바비큐를 준비했어요. 그리고 채소들은 제가 정성껏 키운 것들이니 맛있게 드세요."

회사 사람들은 환호했고 오랜만에 즐거운 시간을 보냈다. 맛있는 식사 시간이 끝난 뒤 이따분 씨는 마당에서 키우는 과일들을 따디저트로 대접했다.

"이것도 제가 유기농법으로 정성스럽게 키운 과일이에요. 이제이 과일 먹고 앞으로 다른 과일 못 먹으면 어쩌죠? 호호호!"

이따분 씨가 키운 과일들은 보기만 해도 침이 꼴깍꼴깍 넘어갈 정도로 반짝반짝 윤이 나 탐스럽게 생겼다. 사람들은 하나 둘씩 과일을 맛보기 시작했다.

"정말 달고 맛있네요. 유기농법이라 뭔가 다르긴 달라요."

"이거 나한테 좀 줄 생각 없어? 야, 정말 맛있네!"

사람들은 과일이 맛있다며 칭찬을 하는데 갑자기 과장의 입이 찡그러지더니 뭔가 '퉤' 뱉었다. 거기에서 초록색의 벌레가 나왔다.

"윽, 이게 뭐야? 우욱!"

과장은 화장실로 급하게 달려갔다. 사람들은 한순간 조용해졌고 너도나도 과일을 슬그머니 내려놓았다. 한참 후 과장이 씩씩거리며 이따분 씨에게 달려왔다.

"이 사람이 해도 해도 너무하는 거 아냐?"

"과장님, 무슨 말씀이신지?"

"아니, 내가 아무리 밉다고 하지만 어떻게 과일에다가 벌레를 넣을 수 있나?"

"유기농법으로 재배한 거라 가끔 벌레가 나올 수도 있습니다."

"세상에 어떻게 과일을 유기농법으로 기를 수 있단 말인가? 다들 농약 치지. 그건 책에서나 나오는 농법일세."

"아닙니다. 저는 정말……."

"시끄러! 아휴, 벌레 씹은 거 생각하니까 아직도 구역질이 나오네."

과장은 이따분 씨가 일부러 벌레를 넣었다고 생각하여 생물법정에 고소하였다.

유기농법은 화학 비료나 농약을 사용하지 않고
볏짚이나 동물의 배설물 등을 이용해 농사를 짓는 것이죠.
또 오리나 우렁이를 논밭에 풀어 놓기도 합니다.

유기농법이란 무엇일까요?
생물법정에서 알아봅시다.

재판을 시작하겠습니다. 원고 측 변론하세요.

농약은 몸에 좋지 않지만 농사를 지을 때 꼭 필요한 것입니다. 농약이 없으면 농사가 될 수 없죠. 요즘 유기농법이라고 해서 농약 없이 농사를 짓는다고 하는데 그것은 전부 사기입니다. 사기!

생치 변호사, 어떻게 확신할 수 있죠?

저희 외갓집이 농사를 지었거든요. 어릴 때 시골 가면 어르신들이 전부 농약 없이는 농사가 힘들다고 말씀하셨습니다.

유기농법이 나오기 이전의 시기군요.

그렇긴 하지만…… 어쨌든, 유기농법이라는 것은 있지도 않은 것입니다.

알았습니다. 생치 변호사의 고집을 누가 말리겠습니까? 피고 측 증언하세요.

유기농법 개발자 나자연 씨를 증인으로 요청합니다.

허름한 농부 차림으로 들어온 나자연 씨는 팔을 쭉 뻗고 '나 자연으로 돌아갈래' 라고 외친 후 증인석에 앉았다.

유기농법이란 무엇입니까?

화학 비료나 농약 등 인공적으로 만든 물질을 사용하지 않고 자연 속에서 얻은 재료만 이용하여 짓는 농법을 말합니다.

화학 비료를 사용하는 이유는 무엇일까요?

작물이 자라기 위해서는 필요한 영양분을 주어야 하는데 화학 비료는 인공적으로 영양분을 만듭니다. 하지만 땅도 안 좋아지고 식물에게도 그다지 좋지 않죠.

유기농법에서는 어떤 비료를 사용하나요?

볏짚이나 동물의 배설물을 이용합니다. 아니면 토양에 사는 미생물을 넣거나 한방 재료들, 생선살 등을 넣기도 하죠.

농약을 치는 이유는 무엇인가요?

잡초를 제거하거나 병충해 등의 벌레를 죽이기 위해서 많이 씁니다.

농약을 치지 않고 어떻게 농사를 지을 수 있나요?

오리나 우렁이를 논밭에다가 키우는 방법이 있습니다.

오리나 우렁이를 풀어 놓으면 작물을 오히려 망치지 않을까요?

아닙니다. 오리나 우렁이가 논밭을 다니면서 잡초나 벌레를 먹고 작물을 적절하게 밟아 줘서 더 튼튼하게 자랄 수 있게 해 줍니다.

다른 방법은 없을까요?

벌레가 싫어하는 식물을 같이 심는 방법도 있습니다. 또 작물

잎에 기름이나 니코틴을 뿌리는 방법도 있고요.

그렇게 하면 농약만큼의 효과가 날까요?

아닙니다. 어느 정도 한계가 있습니다. 그래서 벌레 먹은 잎이 나오거나 과일이나 채소 속에 벌레가 나오는 경우가 가끔 있죠.

유기농법은 화학 비료나 농약을 사용하지 않고 자연 속에서 재료를 얻어 농사에 사용하는 친환경적인 방법입니다. 유기농법에는 다양한 방법들이 있습니다.

판결합니다. 유기농법은 친환경적인 방법이라는 장점이 있지만 농약을 쳤을 때보다 벌레를 없앨 수 있는 능력이 부족하므로 벌레 먹은 잎이 나오거나 과일이나 채소 안에서 벌레가 나올 수 있습니다. 따라서 이따분 씨가 유기농법으로 과일을 키웠다면 벌레가 나올 수도 있었을 겁니다. 그러나 사람이라면 대부분 벌레를 씹었을 때 기분이 나쁜 것은 당연하므로 두 사람이 서로 양보하여 화해하십시오.

 과일 식초 만들기

과일로 식초를 만들 수 있다. 재료는 제철 과일 100그램, 흑식초 100그램이다. 먼저 제철 과일을 잘 씻고 물기를 제거한다. 다음 입구가 넓은 병을 소독하고 그 안에 과일 썬 것을 넣고 흑설탕을 뿌린다. 그 다음 식초를 잘 붓고 전자레인지에 30초간 넣어 돌린다. 이것을 서늘한 곳에 하루 보관했다가 과일을 빼낸 식초 물을 입구 작은 병에 넣어 냉장고에 보관하면 된다.

판결 후 이따분 씨가 고의로 벌레를 넣은 것이 아니라는 게 밝혀
지긴 했지만 한까탈 과장은 벌레의 공포에서 벗어나지 못해 한동
안 과일이나 채소를 먹을 때 벌레가 있는지 없는지 자세하게 확인
하고 먹었다.

피부가 귤색이 되었어요

귤 속의 카로틴 성분을 많이 섭취하면 어떻게 될까요?

과학공화국 최남단에 위치한 환상의 섬 빌리. 그곳에는 온화한 기후 덕분인지 귤 농장도 많았다. 그러나 그 귤 농장들은 모두가 나두쇠 씨의 소유였다. 그리고 모든 사람들이 연중무휴로 하루에 12시간씩 힘들게 일을 하고 있었다.

"참 너무하는구먼, 어떻게 쉬는 시간 일 분도 주지 않고 일을 시키는지."

"툴툴대지 말고 일이나 하세. 그나마 일거리라도 있으니 다행이잖아. 허허!"

"그건 그렇지만. 근데 하인 1 자네는 주인 얼굴을 본 적이 있나?"

"일하기도 바쁜데 주인 얼굴 볼 새가 어디 있나?"

"아무리 생각해도 이상하단 말이야. 아니 우리들 중 한 명이라도 얼굴을 봤다는 사람이 없으니. 농장 근처엔 얼씬도 안 하나 보군."

"그러니 천만다행이지. 아니 지금도 이렇게 빡세게 일을 시키는데 직접 나와서 감시라도 하면 어디 일이라도 제대로 하겠나?"

"껄껄, 그건 맞는 말이군. 그나저나 소문이 사실인가?"

"아니, 소문이라니?"

"그 왜 말이야. 소문에는 주인이란 놈 얼굴에 혹이 큰 게 하나 있어서 바깥출입을 아예 하지 않는다고 하던데."

"허허, 거 참. 그런 소문이라면 어디 한두 가진가."

"어떤 사연인지 몰라도 분명 벌 받았을 거야. 그렇게 심보가 못됐으니, 쯧쯧."

어떻게 된 일인지 나두쇠 씨는 전혀 바깥출입을 하지 않았다. 그러니 농장에서 일을 하는 하인들도 나두쇠 씨의 얼굴을 알지 못했다. 그래서 키가 난쟁이라느니 얼굴이 불량감자처럼 생겼다느니 하는 소문들만 무성했다.

그리고 농장의 일은 그의 집사인 안영감이 관리를 하였다. 안영감 또한 나두쇠 씨의 얼굴은 본 적이 없었으며 주기적으로 오는 편지에 모든 지시 사항들이 담겨 있었다.

그리고 나두쇠 씨는 하인들에게 악덕 주인으로 낙인이 찍혀 있었다. 하루 종일 일을 시키면서 일 분도 쉬지 못하게 하고 겨울에는 난방비가 아깝다며 차가운 방에 하인들을 자게 하였다. 그러니 하인들 모두의 원망을 살 수밖에 없었다.

월요일, 어김없이 안영감 앞으로 편지가 왔다. 편지를 읽은 안영감은 한참 고민에 빠졌다.

"아니, 이렇게까지 하다니! 완전 초난감인걸."

편지에는 그야말로 상상을 초월하는 지시가 적혀 있었다.

'하인들에게 매 끼니마다 귤만 먹게 하시오. 다른 식사는 제공되지 않을 것이오.'

안영감은 하는 수 없이 그 편지를 직접 게시판에 붙여 놓고 하인들이 보게끔 하였다.

"지금 우리보고 귤만 먹어라, 이 말이야?"

"아예 우리 전부 영양실조 걸리라고 고사를 지내는구먼."

"지금도 충분히 영양 부족인데 뭘 더 어쩌겠다는 건지, 쯧쯧."

'구시렁구시렁!'

"해도 해도 너무하는구먼."

'웅성웅성!'

"이보게들, 나도 어쩔 수 없으니 그만 돌아들 가서 일들 하게."

아무런 힘이 없는 안영감에게 따져 봤자 달라지는 건 없다는 걸 잘 아는 하인들은 투덜거리며 각자의 자리로 돌아갔다.

"또 식사 시간이군. 또 귤을 먹어야 하나?"

"에고고고, 귤만 까먹었더니 손끝이 죄다 노랗게 되어 버렸네."

"누가 아니래?"

"하인 5씨!"

"왜 그래, 하인 6!"

"이제 자네 얼굴이 귤로 보이기 시작하는구먼."

"안 헷갈리게 조심하게. 난 소중하니깐 말이야. 하하하!"

모두들 꾹꾹 참으며 귤만 먹어 가면서 일을 하였다. 그 중에 유독 비위가 약하거나 귤 알레르기가 있는 하인들은 끝내 버티지 못하고 섬을 떠나기도 했다. 귤만 먹으며 일한 지도 거의 3일이 지났다. 4일째 되는 날 아침, 또다시 일을 하기 위해 아침 일찍 일어난 하인들. 그런데 갑자기 서로의 얼굴을 보며 깔깔거리며 웃어 대기 시작했다.

"깔깔깔깔!"

"푸하하하, 얼굴이 그게 뭐야? 귤만 먹더니 온몸이 귤이 되었군 그래."

"무슨 소리야? 자네나 거울 좀 봐. 온통 피부가 누렇게 떴네, 떴어."

"뭐야?"

처음에는 깔깔거리며 웃던 사람들도 자기 피부를 이리저리 살펴보더니 금세 모두들 울상이 되었다. 한둘이 아니라 하인들 모두가 피부가 누렇게 변해 버린 것이었다.

"내 조각 같은 얼굴이 왜 이 모양이지?"

"으아악, 내 피부. 뽀얗고 보드랍던 내 피부가 어디로 사라져 버린 거야? 생얼 미남 선발 대회에 나가려던 내 꿈이 다 무너져 버렸어. 흐흐흑!"

"이게 다 우리가 귤만 먹어서 그런 거야."

"그 짠돌이 주인 때문에 전부 다 망쳐 버렸어."

"그 잘난 얼굴도 볼 겸 당장 쳐들어가서 따져야겠어."

"워워워워, 잠시만! 우리가 가서 따져 봤자 주인은 콧방귀도 안 낄 거야."

"그럼 그냥 참자는 말이야?"

"내가 언제 참자고 했나? '욱' 하는 마음에 성급하게 행동하지 말고 더 확실한 방법을 찾자 이거지."

"그래서 뭐 좋은 생각이라도 있는 거야?"

"있고말고. 자, 다들 모여 봐."

'속닥속닥!'

"그거 나름 뭐 괜찮은 생각이군."

하인 7의 의견에 모두 다 찬성을 하고 우르르 떼를 지어 생물법정을 찾아갔다. 그리고 귤만 먹게 하면서 일을 시킨 악덕 주인 때문에 모두의 피부가 노랗게 되었다며 나두쇠 씨를 고소하였다.

귤 속에 많이 들어 있는 카로틴 성분은 몸에 필요한 양만
장에 흡수되고 남는 것은 피부 밑 지방에 쌓이게 됩니다.

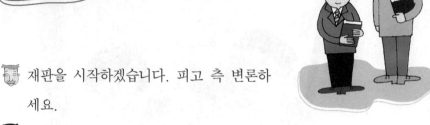

귤을 먹으면 피부가 노랗게 되는 이유는
무엇일까요?
생물법정에서 알아봅시다.

재판을 시작하겠습니다. 피고 측 변론하

세요.

냠냠! 헉, 켁켁! 죄송합니다.

귤을 까먹고 있다니 신성한 법정에서 뭐하는 짓입니까?

귤을 많이 먹어도 노랗게 변하지 않는다는 것을 증명하기 위

해서 그랬던 겁니다.

쯧쯧, 궁색한 변명은…… 혹시 그거 뇌물 아닙니까?

아닙니다. 제가 얼마나 결백한 사람인데 뇌물을 받다니요. 말

도 안 됩니다. 저는 증거를 보이려고…….

비겁한 변명은 그만하세요. 변론은 들어볼 필요도 없겠구먼.

원고 측 변론하세요.

겨울이 되면 따뜻한 방에서 귤을 까먹으며 담소하는 재미에

산다고들 하죠. 그렇지만 어느새 손이며 발은 귤색처럼 노랗

게 변합니다. 그 이유가 무엇일까요? 피부과 전문의 박비술

씨를 증인으로 요청합니다.

60대의 나이에도 불구하고 40대의 피부 나이를 자랑하는

박비술 씨가 증인석에 앉았다.

🧑 귤은 왜 주황색입니까?

🧑 카로틴이라는 성분 때문입니다. 카로틴은 우리 눈에 노란색
이나 붉은 계통의 색으로 보이지요.

🧑 이 카로틴은 어디에 많이 들어 있습니까?

🧑 고추, 토마토, 당근, 고구마, 귤 등에 많이 들어 있습니다.

🧑 카로틴을 많이 먹을수록 좋습니까?

🧑 꼭 그렇다고는 볼 수 없습니다. 왜냐하면 먹은 카로틴의 30퍼
센트만 장에서 흡수가 되기 때문이죠. 흡수가 된 이후 피를
통해 우리 몸 구석구석을 돌게 됩니다.

🧑 흡수된 카로틴은 다 쓰입니까?

🧑 아닙니다. 몸에 필요한 정도만 쓰이고 남는 것은 피부 밑에
있는 지방에 쌓이게 됩니다.

🧑 그래서 많이 쌓이면 피부가 노랗게 되는 것이군요.

🧑 그렇습니다. 특히 피부가 얇은 손바닥이나 발바닥, 콧구멍 주
위, 눈꺼풀 등이 노랗게 잘 보입니다.

🧑 귤 농장의 하인들은 매 끼니마다 귤만 먹었습니다. 귤에 있는
카로틴을 너무 많이 섭취한 나머지 그것이 피부 밑 지방에 쌓
여 온몸이 누렇게 되었습니다. 따라서 귤 섭취를 중지하지 않
으면 계속 누런 상태로 있을 것입니다.

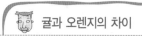 판결합니다. 귤 농장의 하인들은 지나친 귤 섭취로 인해 카로 틴을 많이 먹었고 그 카로틴이 쌓여 온몸이 누렇게 되었습니 다. 따라서 이것은 귤만 섭취하라는 귤 농장 주인의 잘못이며 귤만 먹어 다른 영양소를 섭취하지 못해 영양실조로 자칫하 면 죽을 수도 있으므로 농장 주인은 하인들에게 영양가 있는 음식을 제공할 것을 선고합니다.

판결 후 농장 주인은 몸에 필요한 영양분이 다 들어간 음식을 주 었고 하인들의 몸은 차츰차츰 예전처럼 돌아왔다.

귤과 오렌지의 차이

우리가 오렌지라고 하는 것은 오렌지 중 스위트오렌지(Sweet orange)라고도 하는 당귤(China orange) 을 말한다. 우리가 귤이라고 하는 것은 오렌지의 일부 변종으로 탄제린(Tangerine, 모로코 항구 도시 탕 헤르-Tangier에서 온 말)이라고 부르는 밀감(Mandarin orange)이다.

바나나와 냉장고

바나나를 냉장고에 넣으면 왜 검게 변할까요?

"헉헉, 사장님!"

"쯧쯧, 이리도 약해 빠져서야 무슨 일을 하겠나?"

"사장님, 나빠요~."

"내가 뭘 어쨌단 말인가?"

"집은커녕 제대로 씻지도 못하고 3일째 밤샘 작업이잖아요."

"블랑가 군은 쫌 심하군. 머리에 기름기가 좌르르르! 윽, 쿰쿰한 냄새도 폴폴 나는군."

"흑흑, 사장님 나빠요. 저도 씻고 싶어요. 직원을 한 명 더 구해 주세요."

"쯧쯧, 틈만 주면 꾀를 부리는군. 이봐! 우리 둘이서도 충분히 할 수 있지 않은가? 얼른 가서 좀 씻고 오게."

"치이!"

블랑가 군이 밖으로 나가자 왕저금 씨는 밀린 일은 하지도 않고 자리에 앉아 편히 쉬기 시작했다. 그러나 왕저금 씨도 요즘 들어 일이 힘에 부치는 것을 느끼고 있었다. 과학공화국의 수도인 시고 달고시티에 살고 있는 왕저금 씨는 과일 수입업을 하고 있다. 왕저금 씨는 소문난 구두쇠였는데 큰 회사를 블랑가 군 한 명만으로 꾸려가고 있었다. 워낙 짠돌이라 월급으로 나가는 돈도 아까워했다. 아무리 바빠도 두 명이서 밤을 새며 일을 해 나갔는데, 요즘 들어 일이 점점 늘어나 두 명이서 하기에 벅찼던 것이다. 자리에서 한참을 곰곰이 생각하던 왕저금 씨는 할 수 없이 직원을 한 명 더 뽑기로 했다. 신문에 내는 광고료가 아까웠던 왕저금 씨는 직접 종이에 써서 회사 앞에 붙여 놓았다.

'직원 급구. 힘세고 튼튼한 분 환영!'

"으이구, 한심한 놈! 왜 이리 제대로 되는 일이 없냐고."

자기 머리를 콩콩 때리며 터벅터벅 길을 걷고 있는 안성실 씨. 안성실 씨는 백수 노릇만 3년째이다. 3년 전 다니던 회사를 그만두고 나서는 면접을 보는 곳마다 퇴짜를 맞고 있다. 오늘도 나름 옷을 차려 입고는 전자 회사에 면접을 보러 갔지만 제대로 말도 하지 못하고 쫓겨났다.

"아침에 큰소리만 떵떵 치고 나왔는데, 휴~!"

그렇게 땅이 꺼질듯이 한숨을 쉬며 길을 가고 있는데 쌩쌩 부는 바람에 종이 한 장이 날아와 안성실 씨 얼굴에 찰싹 달라붙었다.

"이건 또 뭐야? 이제 이런 종이까지 날 무시하는 거야?"

화를 내며 종이를 떼어 버리려던 안성실 씨는 그 순간 운명적인 네 글자를 보고 말았다.

"허걱, 이것은! 역시 하늘이 무너져도 솟아날 구멍은 있다 하더니, 하하하! 이건 뭔가 운명적인 냄새가 폴폴 나는걸. 이제 백수의 탈을 벗는 거야. 하하하!"

'똑똑!'

"그냥 들어오면 되지 문은 왜 두드려?"

"저, 저기요."

"어라, 블랑가가 아니네. 누구세요?"

"네, 저는 이 회사에서 일을 하려고 왔습니다. 꼭 하고 싶습니다. 시켜 주십시오."

"다른 건 필요 없고, 힘은 좀 쓰나?"

"뭐든지 시켜만 주십시오."

"그럼 저기 저 박스부터 창고로 옮기게."

그렇게 안성실 씨는 왕저금 씨 회사에서 일을 하게 되었다.

"안군, 잠시 와 보게."

"분부만 내리십시오."

"오늘부터 블랑가 군이랑 나는 지구를 반 바퀴 돌아 핫뜨거섬으로 출장을 가니 당분간 혼자서 해야겠네."

"하하하, 문제없습니다."

"좀 불안하긴 하지만 어쩔 수 없군. 그럼 블랑가 군, 렛츠 고!"

왕저금 씨는 입사한 지 얼마 되지 않은 안성실 씨에게 모두 맡기고 가는 게 조금 탐탁잖았지만, 어쩔 수 없이 핫뜨거섬으로 출장을 떠났다.

"흐흐, 갔군. 으흐흐흐, 눈치 안 보고 과일이나 실컷 먹어야겠어."

매일 매일 과일 상자를 옮기면서 먹음직스러운 과일이 먹고 싶었지만, 구두쇠 사장이 철통같이 지키고 있는 터라 늘 침만 꼴깍 삼켜야 했던 안성실 씨는 이것저것 뒤지며 과일들을 먹기 시작했다.

"흐흐, 먹고 다 치워 놓으면 감쪽같이 모를 거야. 흐아암~ 이제 배도 부른데 한숨 늘어지게 자 볼까나."

'드르렁 드르렁!'

'쿵쿵쿵!'

"택배입니다."

'드르르렁!'

'쾅쾅쾅!'

"아무도 없어요?"

"으으으, 뭐야! 무슨 일입니까?"

"쌩쌩 택배입니다."

"뭐죠?"

"울라울라섬에서 온 바나나군요. 자, 여기에 사인해 주세요."

사인 난에 아무렇게나 그림을 그려 놓고는 가득 쌓여 있는 바나나 박스를 보며 한숨을 푹 쉬었다.

"쫌 쉬나 싶었더니…… 그런데 이걸 어디다 놓아두지?"

안성실 씨는 양쪽에 나란히 있는 냉동 창고와 그냥 창고를 번갈아 두리번거리며 한참을 곰곰이 생각했다.

"동전을 던져서 앞면이 나오면 냉동 창고, 뒷면이 나오면, 아니 아니지. 침을 튕겨서 튀는 방향으로? 이것도 아니야. 음, 옳지! 역시 과일은 신선함이 매력이니까 냉동 창고에 두어야겠어. 암 그렇고 말고."

모든 바나나 박스를 냉동 창고에 옮겨 둔 안성실 씨는 뿌듯함을 느끼며 집으로 돌아갔다. 그리고 며칠 뒤 왕저금 씨가 출장에서 돌아왔다.

"그동안 꾀 안 부리고 잘하고 있었겠지?"

"그럼요……. 어제도 울라울라섬에서 온 바나나 박스를 냉동 창고에 모두 넣어 두었는걸요."

"뭐야? 냉, 냉동 창고?"

갑자기 얼굴이 파랗게 질리며 냉동 창고로 달려간 왕저금 씨는 얼마 후 외마디 비명을 지르며 자리에 풀썩 주저앉아 버렸다.

"으아아악, 내 바나나!"

"아니, 사장님 무슨?"

"이봐, 안군! 도대체 일을 어떻게 한 거야?"

"저는 아무것도……."

"바나나가 전부 다 상해 버렸잖아. 으아아앙! 도대체 손해가 얼마인 줄 아나?"

"전 그냥 바나나가 왔기에 창고에 넣어 두기만 했어요. 정말 아무 짓도 안 했는걸요."

"이런 한심한…… 쯧쯧쯧, 내가 자네한테 일을 맡기고 가는 게 아니었어."

"난 정말 아무런 잘못이 없다고요."

"흥, 자넨 당장 해고야."

"해고라고요? 말도 안 되는 소리! 난 사장님이 없는 동안 열심히 바나나 상자를 옮겨 놓았는데 해고라니요. 전 절대 받아들일 수 없어요."

"뭐야? 받아들일 수 없다고? 그렇다면 나도 가만히 있지 않을 테니 두고 보세."

화가 잔뜩 난 왕저금 씨는 다음 날 생물법정에 모든 바나나를 상하게 했다며 안성실 씨를 고소하였다.

바나나, 파인애플, 망고, 두리안 등의 열대 과일은
차가운 냉장고에 넣으면 효소가 활동하지 못해 금방 상하게 됩니다.

바나나는 왜 냉장고에 넣으면 안 될까요?
생물법정에서 알아봅시다.

 피고 측 변론하세요.

바나나를 냉장고에 넣어 두면 까맣게 변한

다는 것은 겪어 본 사람은 압니다. 하지만

왕저금 씨가 출장을 가기 전 안성실 씨에게 바나나를 냉장고

에 넣지 말라고 지시하지 않았으므로 안성실 씨가 해고당할

이유는 없습니다.

 원고 측 변론하세요.

보통 과일들은 냉장고에 넣어 보관합니다. 그러나 바나나 등

의 열대 과일은 왜 냉장고에 보관하지 말아야 할까요? 그 이

유가 있습니다. 과일 감정 전문가 이존기 씨를 증인으로 요청

합니다.

흘러내리는 머리를 쓸어 올리며 석류처럼 빨간 옷을 입은
이존기 씨가 증인석에 앉았다.

 과일이 단 이유가 무엇입니까?

 과일의 단맛은 포도당과 과당에 의한 것입니다. 쉽게 설탕의

아주 작은 입자라고 보면 됩니다.

과일을 냉장고에 보관하는 이유는 오래 보관하기 위해서입니까?

보통 그렇다고 보지만 과일을 차게 하면 더 단맛을 느낄 수 있기 때문입니다.

열대 과일도 냉장고에 넣어 보관해도 되지 않을까요?

아닙니다. 오히려 빨리 상합니다.

왜 그런 것이죠?

열대 과일은 더운 지방에서 잘 자라게끔 되어 있는 식물입니다. 그런 식물을 차갑게 해 버리면 당연히 안 되겠죠.

열대 과일이 상하는 이유에 대해 자세히 설명해 주세요.

보통 두 가지의 이유로 설명합니다. 하나는 과일에 있는 효소 때문인데 이 효소는 온도에 민감합니다. 열대 과일의 경우 차가운 곳에서는 이 효소가 변해 활동하지 못하는 것이죠. 두 번째는 세포가 얼어 버려 전체적으로 과일이 얼어 죽는 것이지요.

열대 과일에는 어떤 종류가 있습니까?

바나나, 파인애플, 망고, 두리안 등이 있습니다.

보통 과일은 냉장 보관을 합니다. 그러나 원래 뜨거운 곳에서 자란 열대 과일의 경우는 차갑게 하면 오히려 상하게 됩니다. 바나나를 냉장고에 넣었다가 변질되어 버린 것을 경험한 사

람이 꽤 될 것입니다. 따라서 이런 특성도 모르고 냉장고에

넣어 바나나를 변질되게 한 안성실 씨의 해고는 정당합니다.

 판결합니다. 과일을 냉장 보관하는 이유는 오랫동안 보관하

고 더 달게 먹기 위해서인데 열대 과일의 경우는 오히려 차가

운 환경이 더 빨리 상하게 합니다. 따라서 이런 과일의 특성

을 모르고 바나나를 냉장고에 집어넣어 피해를 낸 안성실 씨

의 잘못을 인정해야 합니다.

안성실 씨는 해고당했지만 그 후 과일에 대해 더 많이 공부하여

과일 전문가가 되어 책도 쓰고 강의도 다닐 만큼 인기인이 되었다.

바나나

원래 바나나의 영양이 각광을 받은 것은 1984년의 로스앤젤레스 올림픽 때, 미국의 선수들이 선수촌에 바나나를 대량으로 들여와 먹고 있었던 것이 화제가 되어, 그것을 계기로 바나나가 스포츠 푸드로 널리 알려지게 되었다. 스포츠 선수들에게 있어서 중요한 파워의 근원은 근육에 공급되는 글리코겐. 이 글리코겐으로 근육에 충분한 당질을 공급한다. 당질을 다량 포함하고 간편하게 먹을 수 있는 바나나는 분명히 이상적 에너지원이라고 할 수 있다. 더구나 바나나는 체내 흡수가 빠르고 에너지로 바뀌기 쉬워 심한 운동 직후에 먹어도 위에 부담이 되지 않는 것이 큰 메리트이다. 최근 바나나는 면역력의 증강과 혈액 개선, 더욱이 장 기능 개선에 도움이 되는 과일로 인정받고 있다.

포도의 하얀 가루

포도 표면에 묻어 있는 하얀 가루는 무엇일까요?

사건속으로

"아아, 마이크 테스트. 하나 둘! 하나 둘! 튼튼 아파트 3동 주민들께 알려드립니다. 오늘 저녁 8시에 부녀회의가 있을 예정이오니 한 분도 빠짐없이 참석해 주시길 바랍니다. 삐익! 아, 마이크 상태가 메롱인 관계로 안내 방송을 마치겠습니다."

"안 되는데, 8시에 수학법정 봐야 되는데."

"그래도 참석 안 하면 나중에 피곤할걸."

"대략 난감하게 되었군요. 흐흑!"

"부녀회장 성질을 어떻게 감당하려고. 쯧쯧, 그만 포기해."

"양촌댁이 수학법정을 안 봐서 그래요. 완소 미남 1위, 인터넷 포털 사이트 인기 검색어 1위인 나조각이 사회자잖아요."

"쯧쯧, 모르는 소리! 저번 달에도 부녀회의 불참석했다가 부녀회장 눈 밖에 나서 매일매일 시달리다가 결국 이사 간 이처량 씨 소문도 못 들었어?"

"으아앙, 몰라요."

"뚝! 나중에 꼭 보자고."

양촌댁과 헤어진 안주부 씨는 새똥 같은 눈물을 뚝뚝 흘리며 집으로 돌아갔다.

'두둥!'

드디어 한 달에 한 번 찾아오는 고통의 시간이 돌아왔다. 주민들은 하나 둘 부녀회장의 집으로 찾아왔고 모두들 가시방석에 앉은 것처럼 자리를 잡고 앉았다. 안주부 씨도 퉁퉁 부은 눈으로 자리를 차지하고 있었다.

"오우, 오늘도 퍼펙트한 참석이에요. 오호호호! 여러분들이 이렇게 회의에 열성적이라니 정말 뿌듯하군요."

부녀회장인 최성질 씨가 자기 기분에 취해 한바탕 깔깔 웃는 동안 모인 사람들도 부녀회장의 눈 밖에 나지 않으려고 억지로 소리까지 내며 웃었다.

"아하하!"

"어머, 누구예요? 이런 신성한 회의장에서 웃다니, 정말 개념을

상실했군요."

그리고 또 순식간에 회의장은 쥐 죽은 듯이 고요해졌다.

"자, 이제 회의를 시작해 볼까요?"

"……."

"요즘 웰빙 열풍이 불고 있잖아요, 알죠? 웰! 빙! 오호호호~ 올해 최고 유행 아이템이라고 할 수 있죠."

"……."

"이런 전 국민적인 트렌드에 우리가 또 뒤쳐선 안 되겠죠? 그래서 며칠을 밤새 가며 생각해 낸 아주 좋은 아이디어가 있어요."

"어쩐지 눈 밑이 새까맣군요."

"피부도 퍼석퍼석한 게 예사롭지 않아요. 꽃보다 삐리리 화장품을 추천해 주고 싶군요. 오호호!"

"원래 저런 거예요. 크크!"

저마다 쑥덕거리기 시작했다. 최성질 씨 이야기에는 아무도 신경을 쓰지 않았다.

"그 의견이란 게 뭐죠?"

원래 소심하기로 소문난 이장군 씨는 겨우 용기를 내어 한마디를 하고는 그대로 다리에 힘이 풀려 주저앉고 말았다.

"아~주 훌륭한 태도예요. 호호, 아주 적절한 타이밍에 질문을 해 주었군요. 그 대단한 의견이란, 두구두구두구! 자, 에브리바디 같이 두구두구두구!"

"두구두구!"

"시골에서 농사를 짓는 농사꾼과 직거래를 통해 과일 소비를 하는 것이죠. 오호호, 너무 감동할 필요는 없어요. 어쨌든 찬반 조사를 해서 결정하도록 하겠어요. 먼저 반대하는 사람 손을 들어 보세요."

아무도 손을 들지 않았다. 도끼눈을 뜨고 앞에서 노려보고 있으니 그 누구도 손을 들 수가 없었던 것이다.

"어머, 그럼 만장일치로 찬성이군요. 역시 여러분들은 현명한 선택을 한 거랍니다. 호호, 그럼 그렇게 알고 제가 이 일을 책임지고 추진하겠어요."

다음 날 최성질 씨는 곧바로 덜거덕거리는 자신의 차를 끌고 그린시티로 갔다. 그리고 그린시티에서 최성질 씨를 기다리고 있는 것은 드넓게 펼쳐진 포도밭이었다. 마을에 도착한 최성질 씨는 마을 사람들에게 묻고 물어 마을에서 가장 성실하고 큰 포도밭을 가지고 있는 사나이 씨를 찾아갔다.

"당신이 그 유명한 포도밭 사나이 씨?"

"그렇십니더."

까무잡잡한 피부에 큰 키를 가진 사나이 씨는 무뚝뚝하게 대답을 했다.

"당신과 거래를 해야겠어요."

"뜬금없이 무슨 거래 말입니꺼?"

"음, 그렇게 공격적인 태도는 자제해 줘요. 난 매우 연약한 사람이니까, 작은 소리에도 깜짝깜짝 잘 놀라거든요."

"아줌마, 거울은 봅니꺼."

"아니, 무슨 그런 실례를…… 흠흠, 용건을 말하겠어요. 본 사건은 이렇고 저렇고 그렇게 되었으니까, 당신이 재배한 포도를 직거래로 구매하고 싶군요."

"맘대로 하이소."

"농약은 치지 않겠죠?"

"궁금하시믄 직접 가 보이소."

"무례하군요. 아무튼 다시 한 번 말하지만 농약은 절대 치지 말도록 하세요. 그리고 재배한 포도는 제가 전부, 모두, 다 사겠어요. 호호, 얼마면 되겠어요?"

"뭐 알아서 주이소."

'뭐야, 이 사람은? 나에게 이렇게 대충 설렁설렁 대한 사람은 처음이야. 근데 왜 이렇게 자꾸 끌리는 거지? 뭐랄까, 이런 신선한 느낌은……'

무뚝뚝한 사나이 씨에게 한눈에 반한 최성질 씨는 얼렁뚱땅 계약을 맺고 집으로 돌아왔다. 그리고 어느덧 여름이 되었다.

'딩동!'

"누구야!"

마침 잠옷 차림으로 진흙 마사지를 하고 있던 최성질 씨는 버럭 소리를 지르며 문을 열었다.

"포도 가지고 왔습니더."

"어머, 잠시만요."

놀란 최성질 씨는 문을 쾅 닫고 정신없이 옷을 갈아입고 세수를 하였다. 번갯불에 콩 구워 먹듯 변장을 끝낸 최성질 씨는 다시 문을 열었다.

"어머, 죄송해요. 호호, 어디 포도나 한번 볼까요?"

"보이소."

"앗, 근데 이건 뭐죠?"

"뭐, 문제 있습니꺼?"

"포도에 살며시 묻어 있는 이 미스터리한 하얀 가루의 정체는 뭐죠?"

"아, 그거는 아무것도 아닙니더."

"혹시 설마 농약을 뿌린 거예요?"

"아닙니더."

"그럼 왜 말을 못해요, 왜? 이 하얀 가루가 농약이 아니다 왜 말을 못하냐고요?"

"아무튼 농약은 아닙니더. 포도 농사 10년 동안 농약이라고는 구경도 안 해 봤는데."

"오호라, 잡아떼시겠다고? 좋아요. 어디 두고 보죠."

"맘대로 하이소."

사나이 씨에게 잘 보여야겠다는 생각은 어느새 잊어버리고 버럭 버럭 소리를 지르며 화를 내던 최성질 씨는 농약을 치지 않겠다는 처음 약속과는 달리 포도에 농약을 친 것 같다며 사나이 씨를 생물 법정에 고소하였다.

포도 껍질에 묻어 있는 하얀 가루는 농약이 아니라
효모가 자란 것으로 이 하얀 가루가 많을수록 포도는 더 달답니다.

과학공화국
생물법정 5

여기는 생물법정

포도의 하얀 가루는 무엇일까요?
생물법정에서 알아봅시다.

재판을 시작하겠습니다. 원고 측 변론하세요.

요즘 유기농, 유기농 하지만 여전히 농약을 치면서 재배를 합니다. 포도가 솜사탕 기계도 아니고 어떻게 하얀 가루를 뿜어낸다는 것입니까? 따라서 포도에 묻은 하얀 가루는 농약이며 사나이 씨는 사기를 친 것입니다.

피고 측 변론하세요.

과일 감정 전문가 이존기 씨를 증인으로 요청합니다.

흘러내리는 머리를 쓸어 올리며 석류처럼 빨간 옷을 입은 이존기 씨가 증인석에 앉았다.

포도는 언제 재배되는 과일이죠?

보통 늦여름이 제철입니다. 종류는 품종 개량으로 다양해졌지만 보통 보라색을 띠는 껍질의 포도와 연두색을 띠는 껍질의 포도로 나누어집니다.

어떤 포도가 달지요?

하얀 가루가 많이 묻어 있는 포도입니다.

하얀 가루는 농약이 아닙니까?

아닙니다. 포도 껍질에 묻어 있는 하얀 가루는 효모라는 미생물입니다. 이들은 껍질 표면에 집단으로 모여 살기 때문에 하얗게 보이는 것입니다.

효모가 왜 껍질에 사는 것이죠?

효모는 당분을 먹고사는 미생물인데 특히 포도의 당분을 좋아합니다. 포도의 당분이 많을수록 껍질로 나오는 당분이 많아질 것이고 그것을 먹고사는 효모도 많아지는 것이지요.

효모는 술을 만들 때 사용하지 않나요?

그렇습니다. 효모는 당을 먹고 알코올을 만들어 내기 때문에 술을 만들 때 많이 사용합니다. 포도에 붙어 있는 효모는 포도주를 만들 때 사용하죠.

포도를 재배할 때 농약을 칩니까?

네, 그렇지만 요즘 과일을 키울 때에는 과일에 비닐을 씌워서 과일에 농약이 최대한 묻지 않게 합니다. 또 재배할 쯤에는 농약을 치지 않습니다.

만약 포도에 농약이 묻어 있다면 어떻게 먹어야 하죠?

미지근한 물에 20~30분간 담가 두었다가 씻어 먹거나 식초나 숯가루를 뿌렸다가 씻어 먹으면 됩니다. 밀가루를 뿌렸다가 씻어 먹어도 되고요.

 포도를 고를 때 하얀 가루가 많이 묻어 있는 것으로 사라고 합니다. 왜냐하면 그 포도가 더 달기 때문입니다. 하얀 가루는 효모가 자란 것이고 포도가 더 달수록 하얀 가루가 많이 생깁니다. 따라서 사나이 씨는 사기를 치지 않았습니다.

판결합니다. 포도의 당분은 포도껍질 표면에 잘 나오고 그것을 좋아하는 효모들이 붙어서 살아 그것이 하얀색 가루처럼 보입니다. 또 과일에 농약을 칠 때 과일에는 직접적으로 뿌려지지 않도록 비닐을 씌우고 특히 재배할 쯤에는 농약을 뿌리지 않습니다. 그러므로 하얀 가루는 농약이라고 볼 수 없고 사나이 씨의 주장이 옳음을 선고합니다.

판결 후 사나이 씨의 농장에 포도를 사러 오겠다는 사람들이 늘었고 덩달아 그 마을의 포도가 잘 팔렸다.

 포도

포도는 포도나무의 열매로 코카서스 지방과 카스피해 연안이 원산지로서 B.C. 3,000년 무렵부터 재배하여 최근엔 세계 과일 생산량의 1/3을 차지하며 과일 가운데 1위이다. 성분으로는 당분(포도당·과당)이 많이 들어 있어 피로 회복에 좋고 비타민 A·B·B2·C·D 등이 풍부해서 신진대사를 원활하게 한다. 그 밖에 칼슘·인·철·나트륨·마그네슘 등의 무기질도 들어 있다.

크게 유럽종·미국종·교배종으로 나뉜다. 유럽종은 품질이 우수하고 건조에 잘 견디지만 추위와 병충해에 약하다. 미국종은 식용으로 쓰며 유럽종보다 품질은 떨어지지만 추위와 병충해에 강하다. 한국에서는 주로 추위와 병충해에 강한 미국종과 교배종을 심는데, 대부분 교배종을 재배한다. 대표적인 품종이 거봉인데 송이가 크고 씨가 적으며 단맛도 풍부하다.

변비녀 사건

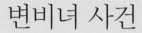

감을 먹으면 왜 변비가 생길까요?

'우두두둑!'

"에구구, 내 관절들. 여기저기서 삐거덕거리는군. 하루 종일 앉아서 글만 썼더니 온몸이 뻐근해 죽겠어."

"휴우, 난 하루 종일 버티고 있어도 한 줄도 못 쓰고 있어."

"에고고, 나도 미 투. 흐흐!"

"아! 온다, 온다. 드디어 느낌이 와."

"응?"

"나 벌써 일주일째 화장실 못 갔어. 드디어 필이 꽂혔어."

"참 내."

말을 마치기가 무섭게 최 작가는 화장실로 후닥닥 뛰어갔다. 그때 한쪽에서 한참 조용하던 김 작가가 갑자기 소리를 질러 댔다.

"으아아악!"

"쟤 또 왜 저러냐?"

"김 작가 건드리지 마."

"금방 들어가더니 언제 나왔냐? 필이 온다며?"

"그 필이라는 게 말이야, 정말 눈 깜짝할 사이에 왔다가 인사도 안 하고 가 버리잖아. 에휴!"

"그나저나 김 작가는 왜 저래?"

"쟤, 터지기 직전의 활화산이야. 건드리면 폭발할지도 몰라."

"왜?"

"어제까지 필 받아서 완성해 놓은 게 있었는데 저장 안 해 뒀다가 화장실 갔다 온 사이에 다 날아가 버렸잖아. 그래서 다시 쓴다고 꼭두새벽부터 저러고 있어."

"윽, 안됐다."

"중간중간 저장을 해 두는 센스가 2% 부족했던 거지."

"그나저나 난 뭐가 써져야 저장을 하든지 말든지 하지. 이거 언제 다 쓰냐. 마감이 코앞인데. 으아앙, 나도 울고 싶다."

"뚝! 작가의 숙명이니라. 크크크!"

"에라, 모르겠다. 뭐 좀 먹으면서 하자. 아까부터 배꼽시계가 밥 달라고 난리다, 아주."

김 작가와 최 작가 그리고 이 작가는 어른들을 위한 코믹 동화책 시리즈를 쓰고 있다. 원래 같이 살지는 않았지만 한 달 전부터 같이 작업을 하게 되었고, 작은 원룸을 하나 얻어서 작업실로 사용하고 있었다.

"보자, 오늘은 또 뭐가 있을까? 애개개, 또 감이야?"

"배가 덜 고팠구나. 쯧쯧."

"그래도 좀 너무했다. 한 달 전부터 쭉 감이잖아. 이젠 아예 꿈에도 나오더라."

"그만. 배부른 소리 그만하고 먹을 거야, 말 거야?"

"먹을래."

"먹을 거면서 투덜거리지 마."

"김 작…… 우우웁!"

"김 작가는 그냥 둬. 아마 안 먹을 거야."

"그렇다고 이걸로 입을 막냐? 이 수건 빤 지도 몇천만 년 전인지 모르는데."

"자, 잔소리 그만하고 먹자."

"잠깐, 나 손 좀 씻고 올게."

이 작가가 손을 씻으러 화장실에 간 사이 평소 감을 좋아하는 최 작가가 감을 다 먹어 버렸다.

"자아, 먹자. 얼라리요. 감은 다 어디 갔어?"

"헤헤, 그게 나도 모르게 그만……."

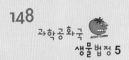

"혹시 설마 또 다 먹은 거야? 그새?"

"헤헤헤!"

"너무해."

"미안, 미안! 내가 감을 진짜 많이 좋아하거든."

"할 수 없지 뭐. 벌써 감들은 최 작가 위로 룰루랄라 하며 가고 있을 텐데."

그리고 또다시 각자 자리에 앉아 글을 쓰기 시작했고 김 작가는 여전히 폭발할 듯 말 듯 혼자 흥분하며 글을 쓰고 있었다. 그렇게 하루가 또 지나고 아침이 되었다.

"으으윽, 아이고 내 배. 더 이상 못 참겠어."

'후다다닥!'

"어머, 김 작가도 와 있었네."

"윽, 말 시키지 마. 지금 무진장 참기 힘들거든."

"안에 누구 있어?"

"최…… 작…… 으윽!"

"또야? 최 작가 빨리 좀 나와. 안에서 뭐하는 거야? 우리도 급하단 말이야."

"나도 열심히 노력하는 중이야. *끄응!*"

"화장실 전세 냈어? 그만 대충하고 나와, 좀!"

"이~ 작……."

"어머, 김 작가 왜 그래? 얼굴이 완전 노랗게 떠 버렸어."

김 작가는 계속 참다가 결국은 바닥에 쓰러져 버렸다.

'삐용 삐용 삐용!'

쓰러진 김 작가는 응급차에 실려 갔고 이 작가는 병원으로 따라가 화장실로 곧장 달려갔다.

"휴, 시원하다. 그나저나 최 작가는 하루 이틀도 아니고 매일 아침마다 화장실에 죽치고 있으니 생각할수록 열 받네."

매일 아침마다 화장실을 몇 시간씩 차지하고 있는 최 작가 때문에 화가 난 이 작가와 김 작가는 이대로 가만히 있으면 안 되겠다고 생각하고 병원에서 나와 곧장 생물법정으로 가 최 작가를 고소하기에 이르렀다.

감의 떫은맛을 내는 성분인 타닌은
장의 점막을 수축시켜 장의 운동을 방해하고
물 흡수력이 강하기 때문에 많이 섭취하면 변비가 생겨요.

감이 변비의 원인일까요?
생물법정에서 알아봅시다.

재판을 시작하겠습니다. 피고 측 변론하
세요.

큭큭큭큭!

피고 측 변호사, 왜 그럽니까?

큭큭, 죄송합니다. 나 참, 변호사 생활에 이런 의뢰는 처음이
라서…….

우리야 늘 새로운 사건을 만나는데 새삼스럽게 왜 그러는 거
죠?

생각해 보세요. 변비에 매일 고통 받는 여자와 그 때문에 화
장실 못 써서 병원까지 실려 간 다른 여자. 이건 시트콤이죠.
정말 웃긴다.

흠흠, 여긴 법정입니다. 거기다가 자신이 감싸야 할 피고를
보고 웃기다니, 생각이 있는 건지 없는 건지 원. 변론은 안 할
겁니까?

해야죠. 변비의 원인에는 여러 가지가 있는데 굳이 감만이 변
비의 원인이 된다는 것은 억측입니다.

그것뿐입니까?

 네, 이것 말고 또 말할 것이 있어야 하나요?

 에헴, 더 말할 필요도 없겠군요. 원고 측 변론하세요.

 피고 측의 주장처럼 변비에는 여러 가지 원인이 있지만 우리
는 피고가 매일 감을 많이 먹었다는 것에 주목해야 합니다.
영양학 박사 자머거 박사를 증인으로 요청합니다.

볼 살이 터질 듯하고 배가 불뚝한 다머거 박사가 증인석에
앉았으나 의자가 부러져 수습하느라 시간이 걸렸다.

 감을 많이 먹으면 변비에 걸릴 수 있습니까?

 그렇습니다. 지나치게 많이 먹으면 그럴 수도 있습니다.

 감의 어떤 성분 때문에 그런 것입니까?

 감에 들어 있는 '타닌'이라는 성분 때문에 그런 것입니다.

 타닌은 어떤 것이죠?

 타닌은 감의 떫은맛을 내는 성분으로 장의 점막을 수축시켜
장의 운동을 방해하며 물 흡수력이 강하기 때문에 변비가 생
기는 것입니다. 여기서 점막은 장을 덮는 부드러운 조직으로
끈끈하고 매끈하게 되어 있습니다. 또 몸 안의 철분과 쉽게
결합하기 때문에 빈혈이 있을 경우 섭취해서는 안 됩니다.

 타닌은 나쁜 성분이군요.

 꼭 그렇지만은 않습니다. 설사가 있을 때 타닌을 섭취할 경우

설사가 멈춥니다. 타닌은 피가 났을 때 그것을 멈추게 하는 작용을 하고 모세 혈관을 튼튼하게 하는 작용도 합니다.

타닌이 특히 많은 곳은 어디입니까?

감의 꼭지와 연결된 가운데 심 부분입니다. 감을 반으로 갈랐을 때 가운데 딱딱하게 있는 줄기 부분이죠.

변비에 걸리지 않으려면 어떻게 감을 먹어야 하죠?

타닌은 감이 덜 익을수록 더 많이 있습니다. 따라서 잘 익은 감을 먹어야 하며 가운데 심 부분을 잘라 내고 먹으면 됩니다. 또 땅콩과 같이 먹어도 변비를 예방할 수 있습니다.

감의 떫은맛을 내는 타닌 성분을 지나치게 많이 먹으면 장의 운동에 방해가 되어 변비가 생깁니다. 따라서 안 그래도 변비가 있는데 거기다 감까지 많이 먹어 변비를 더욱 부추긴 최 작가에게 잘못이 있습니다.

판결합니다. 감의 타닌 성분은 장의 점막을 수축시켜 장의 운동을 방해하며 물을 잘 흡수하기 때문에 지나치게 많이 먹었을 경우 변비에 걸립니다. 그러나 평소에도 변비가 있었던 피고는 변비를 고칠 노력은 하지 않고 오히려 감을 많이 먹음으로써 변비를 부추겨 다른 사람에게 피해를 주었음은 물론이고 자신의 건강을 돌보지 않았으므로 오늘부터 당장 변비를 고치려고 노력할 것을 선고합니다.

판결 후, 한동안 최 작가에게 동료들은 감 대신 변비에 좋다는 채소만 먹였다. 또 변비에 좋다는 운동을 시켜서 결국 최 작가의 만성 변비를 고치게 되었다.

 감

감은 한국·중국·일본이 원산지이다. 중국에서 가장 오래된 농업 기술서에 감나무의 재배에 대한 기록이 있고, 한국에서도 아주 오래전부터 재배한 과일이다. 일본에는 8세기경에 중국에서 전래되었다. 감은 추위에 약한 온대 지방의 과일이라 한국의 중부 이북 지방에서는 재배가 곤란하다. 감에는 단감과 떫은감이 있는데 중부 이북 지방에서는 단감 재배가 안 된다.

감의 주성분은 당질로서 15~16%인데 포도당과 과당의 함유량이 많으며, 단감과 떫은감에 따라 약간의 차이가 있다. 떫은맛의 성분은 디오스프린이라는 타닌 성분인데 디오스프린은 수용성이기 때문에 쉽게 떫은맛을 나타낸다.

과일도 꽃 아닌가요?

꽃에서 열매가 만들어진다고 과일을 꽃이라 불러도 될까요?

사건속으로

"하나, 둘, 셋. 오호호호, 오늘도 대박이야."

"역시 우리 여보는 장사도 잘한다니까."

"하지만 아직 멀었어. 이걸로는 배가 부르지 않은

걸. 뭔가가 더 없을까?"

"이궁, 욕심꾸러기!"

"뭔가 3%만 더 있으면 좋을 거 같은데. 무슨 좋은 생각 없어?"

"글쎄, 흠……."

"쯧쯧, 밥만 먹지 말고 생각이란 것도 좀 하란 말이야."

김마님 씨와 차돌쇠 부부는 알록달록시티에서 '바람난 꽃집'을 운영하고 있었다. '바람난 꽃집'은 다른 꽃집들보다 장사도 잘 되었고 단골손님도 많았다. 그러나 김마님 씨는 워낙 욕심이 많아 늘 만족이 되지 않았다. 그냥 보기에도 김마님 씨의 얼굴에는 욕심보가 덕지덕지 붙어 있는 것 같다.

"아하! 바로 그거야. 오호호호호!"

"무슨 좋은 생각이라도 있어?"

"있지, 엄청나게 좋은 생각! 완전 대박 예감이 팍팍 드는걸."

"혼자만 알지 말고 말 좀 해 줘."

"그치만 당신한테만은 비밀이야. 당신은 입이 너무 가벼워서 말이야. 잠자코 보고만 있어. 내가 돈방석에 앉게 해 줄 테니까."

"치이, 너무해."

그리고 며칠 뒤 '바람난 꽃집' 앞에는 커다란 플래카드가 걸렸다.

'보기 좋은 떡이 먹기도 좋아요. 예쁘게 포장한 과일들이 여러분의 따스한 손길을 기다리고 있어요. 전화 문의: 아무개-띠리리리!'

"여보야, 여보야! 저게 뭐야?"

"호호, 서프라이즈~ 대단하지, 응?"

"역시! 아이고 우리 복덩어리!"

"과일을 하나하나 예쁘게 포장해서 파는 거지. 내가 또 포장 하나는 끝내주게 하잖아. 그리고 가격은 다른 과일 가게하고 똑같이 받는 거지. 같은 값이면 다홍치마, 호호! 도랑을 쳤으면 가재도 잡아야지. 소비자들 마음은 다 똑같은 거 아니겠어?"

"어느새 그런 심층 분석까지 하다니 정말 대~단해요!"

그렇게 '바람난 꽃집'에서는 포장을 한 과일을 팔기 시작했다.

"어머나, 예뻐라!"

"정말, 더 먹음직스럽게 보이는걸."

"이거 사장님이 직접 포장한 거예요?"

"어머나, 별 말씀을요. 그냥 취미 생활로다가 조금씩 한 것뿐인데."

"솜씨가 장난이 아닌 것 같은데요."

"어머, 이건 쑥스러워서 비밀로 하려고 했는데 사실은 말이죠. 제가 작년에 전국 포장왕 선발 대회에서 7위를 했거든요. 오호호호!"

"어쩐지 뭔가 다르다 했어요. 근데 이거 너무 예뻐서 먹을 수나 있으려나?"

김마님 씨가 생각해 낸 포장 과일은 손님들에게 반응이 좋았고 김마님 씨도 점점 만족하기 시작했다. 그러나 이것을 별로 탐탁지 않게 여기는 사람들이 있었다. 바로 과일 가게를 하는 사람들이었다. 알록달록시티에는 유난히 과일 가게가 많았는데 '바람난 꽃집'에서 과일을 포장해서 팔면서 더욱 손님이 줄어 과일 장사를 하는 사람들의 불만이 이만저만이 아니었다.

"아니, 꽃집에서 과일을 팔다니 말도 안 돼요."

"그러게 말이에요. 우리 가게도 요즘 매출이 반으로 뚝 떨어졌어요."

"휴…… 뭔가 조치를 취하지 않으면 가게 문을 닫게 생겼다고요."

"그렇지만 그 꽃집 사장도 만만한 사람이 아니에요. 그 얼굴에 붙어 있는 욕심보 보셨어요? 욕심도 많지만 듣기론 성격도 대단하다고 하던데."

"그러니까 우리가 뭉쳐야죠."

"옳소! 뭉칩시다."

"우리 모두 같이 가서 우리 뜻을 전하면 끽 소리도 못할 걸세."

"맞아요. 다시는 과일을 팔지 못하도록 해야 해요. 이건 횟집에서 삼겹살을 파는 노릇이니 원."

몇 천만 년 만에 화합이 된 과일 가게 사람들은 곧장 '바람난 꽃집'으로 우르르 몰려갔다.

'우르르르! 왁자지껄!'

"어머머, 무슨 일로 이렇게 떼를 지어서 오셨어요? 저희 집 소문 듣고 오셨나요?"

"뭐라고? 흥, 이봐! 꽃집 아줌마. 꽃집에서 꽃이나 팔지 과일은 왜 팔아요?"

"네?"

"어험, 우린 과일 가게 연합회예요. 전 급조한 연합회장 나대충이라고 해요."

"그런데요?"

"우리 과일 가게 연합회에서는 과일 가게 이외에는 과일을 팔수 없도록 정하였으니 그렇게 알고 내일부터는 과일을 내놓지 마시오."

"어머머머, 이게 무슨 날벼락 떨어지는 소리예요? 웃겨, 정말!"

"꽃가게에서 꽃이나 팔면 되지 과일을 팔아서 우리들이 입은 손해가 어마어마하다고요."

"그게 내 책임이란 말이에요?"

"그렇다고 볼 수 있죠."

"어머, 정말 별꼴이야. 난 싼 가격에 맛있고 예쁜 과일을 손님들에게 제공한 것뿐이에요. 그리고 꽃에서 변한 게 과일인데 과일이 꽃이 아니라는 법이라도 있나요?"

"어떻게 과일이 꽃이에요? 웃기는 아줌마네. 아무튼 우리는 입장을 분명히 전했으니 이만 가야겠어요. 내일부터 과일은 절대 팔지 마세요. 흥!"

과일 가게 사람들은 싸늘하게 돌아서서 가 버렸다.

"뭐, 저런 사람들이 다 있어? 과일을 팔지 말라고? 흥이다. 천하의 김 마님한테 이런 모욕을 주다니 나도 가만히 있지 않겠어."

과일 가게 사람들의 갑작스런 통보에 점점 화가 난 김마님 씨는 곧장 생물법정으로 전화를 걸었다.

"생물법정인가요?"

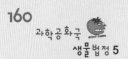

"네."

"도저히 억울하고 분통이 터져서 참을 수가 없어요."

"차근차근 말씀하세요."

"글쎄요. 세상에 이러저런 일이 있었는데 그래서 이차저차해서 이렇게 되었다니까요. 으아아악, 억울해!"

"아주머니, 진정하세요. 일단 사건을 접수하겠습니다. 다시 연락을 드리죠. 그럼 3주 후에 뵙겠습니다."

'뚝!'

그리고 3주 후 '바람난 꽃집'의 김마님 씨와 과일 가게 사람들은 생물법정에서 다시 마주치게 되었다.

씨방이 자라 열매가 되면 참열매라 하고
꽃턱이나 꽃받침, 꽃줄기가 자라 열매가 되면 헛열매라고 합니다.

여기는 생물법정

과일은 어떻게 생기는 것일까요?
생물법정에서 알아봅시다.

원고 측 변론하세요.

판사님, 이번 사건은 유능한 저로서도 어쩔 수 없습니다.

생치 변호사, 갑자기 왜 그럽니까?

제가 아무리 과일을 봐도 이게 꽃이라고 안 느껴지거든요. 그런데 원고는 과일도 꽃 종류 아니겠냐는 이상한 주장을 하고 있어서 저도 난감합니다.

그렇지만 생치 변호사는 원고 측 변호사 아닙니까? 원고의 주장이 맞다는 걸 주장해야죠.

아무리 봐도 과일이 꽃이라는 생각이 안 드는데…….

그러면 사건의 시작부터 따지는 것이 좋지 않을까요?

아! 그 생각을 못했네. 판사님, 감사합니다.

이건 여기가 법정이 아니라 변론 강의실이 된 것 같구먼.

변론을 하겠습니다. 바람난 꽃집에서는 과일을 예쁘게 포장해서 판매해 사람들의 마음을 사로잡았습니다. 그런데 과일 가게 연합회는 꽃집에서 왜 과일을 파느냐며 따졌습니다. 그런 논리대로라면 슈퍼에서 아이스크림을 팔지 말라는 것과 같습니다. 아이스크림 가게는 따로 있으니까요. 따라서 꽃가게에서 과일을 팔아도 전혀 이상하지 않습니다.

🧑‍⚖️ 피고 측 변론하세요.

👤 천재 중학교 과학 교사 다세포 씨를 증인으로 요청합니다.

뱅글뱅글 안경을 쓰고 알록달록한 옷을 입은 다세포 씨가 비눗방울을 불며 나타났다.

🧑‍⚖️ 다세포 씨, 여긴 법정입니다. 비눗방울을 불면 안 돼요.

😵 어머, 이 아름다운 비눗방울을 불 수 없다니! 흑, 법정은 너무 따분한 곳이군요.

🧑‍⚖️ 어서 증인석에 앉으세요.

😵 판사님, 너무 무서워요. 네네, 자리에 앉을게요.

다세포 씨가 기가 죽은 듯 몸이 축 늘어져서 증인석에 앉았다.

👤 과일은 어디서 생기는 것인가요?

😵 과일은 꽃에서 생기지요.

👤 꽃에서 어떻게 과일이 생긴다는 건지?

😵 꽃가루가 암술머리에 붙으면 수정이 이루어져요. 수정이 되면서 꽃은 지고 열매를 맺게 돼요.

🧑 꽃에서 과일이 되는 부분은 어딘가요?

😵 크게 두 가지로 나뉘는데 씨방이 자라서 열매가 되는 참열매와 씨방이 아닌 곳이 자라서 열매가 되는 헛열매가 있어요.

🧑 씨방이 아니면 어디서 자란다는 것인가요?

😵 꽃턱이나 꽃받침, 꽃줄기가 자라서 만들어져요. 헛열매는 살이 많죠. 배, 사과, 무화과, 딸기 등이 헛열매에 속해요.

🧑 참열매에는 어떤 것이 있나요?

😵 복숭아, 수박, 토마토 등이 있어요.

🧑 꽃이나 열매가 있는 이유는 무엇일까요?

😵 동물이 새끼를 낳아 새로운 자기 종족을 만드는 것처럼 식물도 새로운 자기 종족을 만들기 위해서랍니다.

🧑 꽃이 수정되었을 때 꽃잎이 떨어지고 열매가 만들어집니다. 그런데 어느 부위가 자라느냐에 따라 참열매와 헛열매로 나누어집니다. 그러나 꽃에서 열매가 만들어지기는 하지만 열매가 꽃이라고는 볼 수 없습니다.

🧑 꽃과 열매는 새로운 자손을 만들기 위한 식물의 중요한 부분입니다. 꽃이 수정되면 열매가 만들어지는데 씨방이 자라면 참열매, 씨방이 아닌 다른 곳이 자라면 헛열매라고 합니다. 하지만 꽃의 정의는 식물의 생식 기관을 의미합니다. 즉 수분이나 수정이 이루어지는 암술, 수술, 꽃잎, 꽃받침을 합쳐 꽃이라고 하지요. 열매는 꽃의 생식이 이루어져 수분과 수정을

통해 만들어진 것을 말하는데, 일반적으로 꽃이라고는 부르지 않는 것이 식물학에서의 정의입니다.

재판이 끝난 후 과일 가게와 바람난 꽃집 사이에서는 심한 싸움이 일어났고 결국 과일 가게 연합회에 밀려 바람난 꽃집은 과일을 팔 수 없게 되었다.

 씨방

씨방은 자방이라고도 한다. 잎이 변형된 것으로 씨방의 내부에 밑씨가 있고, 밑씨가 생기는 곳을 태좌라고 하며, 밑씨가 생기는 방식에는 여러 가지가 있다. 태좌가 씨방의 내벽에 있는 것을 측막 태좌, 내벽과 떨어져 중앙에 있는 것을 중앙 태좌라고 한다.

과학성적 끌어올리기

바나나는 씨도 없는데 어떻게 열매가 열리나?

아주 오래전 씨 없는 수박이 나왔다고 해서 사람들이 놀란 적이 있었어요. 수박은 아주 달콤하고 맛있는 과일이지만 먹으면서 씨를 골라내야 하는 게 여간 불편한 것이 아니었죠. 그래서 많은 연구 끝에 씨 없는 수박을 만들어 냈어요. 사람들은 씨를 골라낼 필요 없이 수박을 편하게 먹을 수 있게 된 것을 크게 기뻐했지요.

바나나도 마찬가지예요. 바나나도 처음부터 씨가 없었던 것은 아니에요. 처음엔 씨가 있었지만 아주 우연한 기회에 씨 없는 바나나를 찾아냈지요. 바나나도 수박처럼 씨가 군데군데 박혀 있다면 먹기가 참 불편했겠지요? 사람들이 먹기 편하도록 여러 차례 품종 개량을 거쳐 지금과 같은 씨 없는 바나나가 탄생한 거예요. 그럼 바나나는 씨도 없는데 어떻게 계속해서 열매를 맺을 수 있는 걸까요?

바나나는 접목이라는 방법으로 열매를 맺는 거예요. 씨를 심어 번식을 시키는 대신 큰 나무에 작은 나무줄기를 붙이는 방법을 이용한 거죠. 튼튼한 바나나 나무줄기에 씨 없는 바나나 품종의 나무를 줄기에 붙여서 자라게 해요. 그러면 씨 없는 바나나를 계속해서 얻을 수 있지요.

사과를 먹으면 의사가 필요 없다고요?

사과는 알맞게 달면서도 고유의 향기가 있어 식욕을 북돋아 주는 과일이에요. 사과 속에 들어 있는 당분은 질이 아주 좋은 과당과 포도당이라 우리 몸에 흡수가 아주 잘됩니다. 또 새콤한 맛을 내는 구연산은 피로를 느끼게 하는 노폐물이나 몸 안에 쌓여 있는 찌꺼기를 모두 분해시켜 몸 밖으로 내보내는 역할을 하죠. 뿐만 아니라 사과 속에 들어 있는 섬유질과 탄수화물의 일종인 펙틴은 소화흡수를 돕기 때문에 위장이 약한 사람이나 어린이, 노인들에게 아주 좋습니다.

사과의 고유한 향기와 새콤한 맛은 산성화된 체질을 알칼리성으로 돌아오게 하는 성질이 있다고 알려져 있습니다. 사과는 통풍, 간장병, 신경과민, 당뇨병, 변비, 비만 등에도 효과가 있습니다.

아침에 사과를 먹으면 위장의 소화 흡수 기능을 도와주기 때문에 몸과 마음을 상쾌하게 해 줍니다. 이 밖에도 사과는 심장을 튼튼하게 만들어 주고, 혈압을 안정시켜 주고, 체중을 적당히 조절해 주며, 암을 예방하기도 합니다.

최근 프랑스 학자들의 연구에 의하면 사과를 먹으면 혈중 콜레스테롤 수치가 낮아진다고 해요. 또 미국의 과학자들은 사과 냄새만 맡아도 혈압이 내려간다는 사실을 알아냈다고 합니다. 사과를 많이 먹으면 이만큼 건강해지는 거예요.

토마토가 장수 식품이라고요?

토마토에는 항산화 효과가 있는 베타카로틴 · 비타민 C · 비타민 E · 셀레늄 · 식이섬유 등이 풍부하게 들어 있으며, 특히 '리코펜' 이라는 성분이 많은 것이 가장 큰 특징입니다. 잘 익은 토마토에 들어 있는 색소 리코펜이라는 성분은 베타카로틴보다 두 배나 강력하게 산화 작용을 방지해 준다고 하죠.

미국 하버드 대학 연구에 따르면, 토마토 요리를 주 10회 이상

먹고 있는 사람은 전립선암에 걸릴 확률이 먹지 않는 사람에 비해 45퍼센트나 낮았다고 해요. 또 최근 영국에서의 보고를 보면, 일주일에 토마토를 두 개 이상 먹는 사람은 흡연자라 하더라도 만성 기관지염에 걸릴 확률이 반으로 줄어든다고 보고했고요.

또 토마토는 피를 엉기지 않게 하는 작용을 해서 뇌경색이나 협심증 환자들에게 특히 권하는 식품이죠. 그런데 중요한 것은 이처럼 우리 몸에 이로운 성분은 파란색이 나는 덜 익은 토마토에는 별로 들어 있지 않다는 점이에요. 따라서 토마토를 고를 때는 빨갛게 잘 익은 토마토를 선택하는 것이 좋아요.

제3장

채소에 관한 사건

감자 — 싹이 난 감자

콩 — 최고의 단백질 식품

상추 — 상추 먹고 깨진 소개팅

토마토 — 토마토에 설탕 뿌리면 어떡해요?

싹이 난 감자

감자의 싹을 먹으면 왜 설사가 날까요?

"어머니, 오늘 따라 유난히 미모가 반짝반짝 빛이
나시는군요!"

"그렇사옵니다. 어마마마, 정말 제대로 화장발 움!"

"하하하, 어머니! 저 아이가 잠시 실성을 하였나 봐요."

"마, 맞아요. 어머니는 화장 안 한 얼굴도 정말 아름답사옵니다."

오늘 따라 유독 안철자 주부의 두 아이들이 아침부터 안철자 씨
의 비위를 맞추려고 애를 쓰고 있었다.

"이것들, 귀신은 속여도 이 천하의 안철자는 못 속여. 분명 바라
는 게 있지? 그렇지 않고서야 아침부터 꼬리 살랑살랑 흔들며 이

럴 리가……."

"역시 어마마마는 눈치 백단이시옵니다."

"흐윽, 어머니! 소녀 찐 감자가 눈앞에 아른거리옵니다."

"찐 감자가 먹고 싶단 말이지?"

"네."

"좋아. 그렇지만 세상에 공짜는 없는 법!"

"그렇다면?"

"이 어머니께서 감자를 사 올 테니 너흰 그동안 온 집안을 반짝반짝 광이 나도록 깨끗이 청소를 해 놓아라."

"흑, 알겠어요."

"그럼 이 어머니는 다녀오마. 호호호!"

'쾅!'

순식간에 놀라운 기술로 꽃단장, 아니 변장을 마친 안철자 주부는 아이들에게 청소를 시켜 놓고 시장으로 향했다.

'투덜투덜!'

"투덜거리지 말고 청소나 해 놓자. 밑 빠진 독에 물 채워 놓으라고 하지 않아서 천만다행이다."

아이들은 투덜거리면서 청소를 하기 시작하였고, 안철자 씨도 어느덧 집에서 얼마 떨어지지 않은 가게에 도착했다.

"감자야, 어디 있니?"

크지 않은 눈을 동그랗게 뜨고는 이리저리 두리번거리며 감자를 찾던 안철자 씨는 드디어 감자 코너를 찾았다.

"어머, 감자 너 여기 있으면서 나를 여기저기 삥삥 돌게 했니? 어머, 그런데 너의 정체는 뭐니? 너도 감자니?"

이상하게도 감자마다 초록빛이 도는 싹이 나 있었다.

"음, 아! 알겠다. 너희들은 새로 나온 신종 감자구나. 뭐 나름 싹이 있는 것도 나쁘지는 않아. 조금 치렁치렁하긴 하지만 아이들이 좋아하겠는걸. 호호호!"

이상하게 뿌듯한 기분이 든 안철자 씨는 싹이 난 감자를 잔뜩 사 가지고 집으로 돌아왔다.

"딸, 아들! 청소는 깨끗이 해 놓았겠지?"

"지나가던 파리가 미끄러질 정도로 쓸고 닦고 해 놓았어요."

"호호, 기특하구나! 내가 너희들을 위해 스페셜 감자를 사 왔단다."

"스페셜 감자요?"

"있어, 그런 게. 호호, 너무 많이 알면 다쳐."

아이들은 조금 의아해했지만 찐 감자를 먹을 생각에 다시 기분들이 좋아졌다. 싹이 난 부분은 더욱 조심해서 감자를 씻고는 냄비에 넣어 감자를 삶았다.

"자, 기대하시라! 개봉 박두!"

"우와, 낯선 냄비에서 감자의 향기가 나는군."

"짠! 이것이 바로 스페셜 찐 감자."

"어라, 이건 뭐죠? 감자에 싹이 나 있는데."

"이 어머니의 직감으론 말이지, 이것은 분명 신종 감자일 거야. 아직 언론에 공개되지 않은 슈퍼 감자!"

"슈퍼 감자라고요?"

"분명 몸에도 좋을 거야. 오호호, 자 어서들 먹으렴. 많이 남아 있으니까 천천히 싸우지 말고."

아이들은 조금 찝찝한 기분이 들었지만, 찐 감자의 고소한 냄새가 자꾸만 코를 간질여 이내 감자를 먹기 시작했다. 그런데 더 이상한 것은 그 다음 날 아침이었다.

"아이고, 배야!"

'후다다닥, 쾅!'

첫째 아이가 아침에 눈을 뜨자마자 화장실로 들어가 함흥차사였다. 그리고 둘째 아이도 배를 잡고 온 집안을 떼굴떼굴 굴러 다녔다.

"으아아앙, 내 배!"

"너희들 왜 그러니?"

"몰라요. 윽, 이번엔 토할 것 같아요."

배를 잡고 구르던 둘째 아이는 이내 밖으로 나가 한 차례 구토를 하였다.

"설사에 복통, 구토까지. 갑자기 이게 무슨 일이지?"

아이들이 계속 복통을 호소하자 비로소 심각해진 안철자 씨는 곰곰이 생각하기 시작했다.

"어제 먹은 거라곤…… 맞아. 아무래도 그 슈퍼 감자가 수상해."

사실은 어제 감자를 너무 많이 삶아서 저녁 식사 때도 아이들에게 감자를 먹였었던 안철자 씨는 모든 건 감자 때문일 거라고 생각했다.

"아무래도 나의 위대한 직감으론 그 감자에 문제가 있어. 아니 그런 감자를 손님들에게 팔다니, 안되겠군."

갑자기 이상한 정의감에 사로잡힌 안철자 씨는 싹이 난 감자를 쪄서 먹였더니 아이들이 배탈이 났다며 감자를 팔았던 가게를 생물법정에 고소하였다.

싹이 난 감자는 싹과 주변 녹색 부분까지 도려내서 먹어야
설사를 하지 않아요.

싹이 난 감자는 왜 위험할까요?
생물법정에서 알아봅시다.

🧑‍⚖️ 피고 측 변론하세요.

🧑 우리는 고구마 줄기도 나물로 먹고, 마늘
줄기도 나물로 먹습니다. 맛있죠. 쩝쩝!

🧑‍⚖️ 그게 다입니까?

🧑 아니요. 갑자기 점심 때 먹었던 스페셜 나물 비빔밥이 생각나
서…….

🧑‍⚖️ 쯧쯧, 또 시작이군요. 변론 안 할 겁니까?

🧑 할 겁니다. 감자의 짝꿍인 고구마 줄기도 나물로 먹을 만큼
괜찮은데 감자의 싹이라고 해서 특별이 독이 있지 않을 것 같
습니다.

🧑‍⚖️ 원고 측 변론하세요.

🧑 고구마 줄기는 우리가 나물로 많이 먹을 정도로 안전합니다.
하지만 감자는 싹이 날 경우 반드시 도려내어 먹으라고 합니
다. 영양학 박사 다머거 박사를 증인으로 요청합니다.

다머거 박사가 철로 만들어진 증인석에 앉았다.

감자의 싹을 먹어도 괜찮습니까?

절대 안 됩니다. 그것은 독을 먹는 것입니다.

감자의 싹이 독이라고요?

네, 뱀의 독처럼 맹독은 아니나 사람의 몸에 악영향을 끼치는 독이죠.

어떤 독이 있는 것이죠?

솔라닌이라는 것입니다. 솔라닌을 먹었을 경우 중독 증상이 일어납니다. 가장 흔히 나타나는 것이 토하거나 배탈이 나는 식중독이고 현기증을 일으키거나 심하면 의식에 장애가 옵니다.

그러면 싹이 난 감자는 절대 먹으면 안 됩니까?

아닙니다. 감자를 손질할 때 싹 부분과 주변에 녹색으로 변한 부분을 잘라내어 먹으면 됩니다.

다른 부분에 독이 퍼졌을 수도 있잖아요.

다른 부분에 조금씩 들어 있다고 하더라도 충분히 가열한 후 먹으면 괜찮습니다.

제가 듣기에 솔라닌을 약으로 쓰기도 했다는데요.

네, 식중독을 일으키지 않을 만큼 아주 조금만 써서 천식이나 기관지염, 간질들의 치료제로 사용하였습니다.

감자의 싹에는 솔라닌이라는 독성 물질이 있어서 먹으면 식중독 등의 병을 일으킵니다. 따라서 감자를 손질할 때 싹과

주변 녹색 부분을 도려내고 충분히 가열하고 먹어야지 중독
증상을 예방할 수 있습니다.

 판결합니다. 감자의 싹에 사람이 먹으면 중독 증상을 일으킬
독성이 있었음에도 불구하고 싹이 난 감자를 방치해 둔 가게
의 주인도 잘못이 있지만 그것을 손질하고 먹었으면 식중독
을 예방할 수 있었지만 그렇게 하지 않은 안철자 씨의 잘못도
있음을 판결합니다.

판결 후, 마트의 주인은 감자 코너에 싹 난 감자 조리법을 써서
붙여 놓았고 안철자 씨는 한동안 아이들의 요구를 들어줄 수밖에
없었다.

 감자

감자는 예로부터 혈액을 맑게 하고 기운을 좋게 하며 배 속을 든든하게 하고 소화 기관을 튼튼하게
한다고 알려져 있다. 또한 약리 작용이 있으면서 부작용은 크게 없어 악성 종양이나 고혈압·동맥경
화·심장병·간장병 등의 만성 질환을 치료하는 민간 요법으로 많이 쓰여 왔다.
감자의 성분은 대부분 녹말이지만 비타민 B1·B2·C, 판토텐산, 칼륨도 많이 들어 있다. 그중에서
도 특히 주목받는 것은 비타민 C. 비타민 C는 스트레스를 줄이고 감기에 대한 면역성을 높이며 철
분 흡수 촉진, 콜레스테롤 감소, 바이러스성 간염 억제, 발암 물질의 생성 억제 등 다양한 효능을 발
휘한다. 하지만 가열하면 파괴되는 단점이 있는데 감자의 비타민 C는 전분 입자로 싸여 있어 익혀
도 손실이 적다.

최고의 단백질 식품

왜 콩을 밭에서 나는 고기라고 할까요?

과학공화국의 차이시티에는 소문난 맛집들이 많다. 워낙 맛집이 많다 보니 맛집 골목도 생기고 맛집 골목은 차이시티에 오는 사람이라면 누구나 한번은 들러야 하는 관광 명소로 자리 잡고 있었다.

맛집 골목을 깊숙이 들어가면 거의 끝에 마주하고 있는 두 식당이 있다. 바로 콩 요리를 전문으로 하는 '또우찬팅'과 스테이크 전문점인 '로우레스토랑'이다. 이 두 집은 역사가 오래되었는데, 그 오랜 시간 동안 하루도 사이가 좋은 날이 없었다.

"흥, 시장이라도 보러 가나 보군."

"남의 일에 신경 끄셔. 밖에 서 있지 말고 안에 들어가서 파리나 잡으셔. 자네가 밖에 서 있으면 골목 물이 흐려지니까."

"누가 할 소리! 자네야말로 물 흐리지 말고 가던 길이나 가지."

혹시나 마주쳤다 하면 서로 으르렁대기 일쑤였다. 서로 가족들에게도 앞집 사람들과는 절대로 말도 하지 말라고 강요했다.

"로우레스토랑 사람들과는 마주치지도 말고 말도 하지 말거라!"

"혹시나 설마 너희들이 그러지는 않겠지만 노파심에 당부하는 거니까, 저 앞에 또우찬팅 사람들과는 친하게 지낼 생각은 말거라. 한마디라도 말을 하는 것은 이 아버지에 대한 배신이야, 배신! 알겠느냐?"

그렇게 두 아버지의 신경전으로 가게 앞은 늘 폭풍전야 같은 무서운 정적만이 돌았다. 그러던 어느 날부턴가 이상하게도 로우레스토랑에 손님들이 넘쳐나기 시작했다.

'우글우글!'

"아니, 이런 일이! 도대체 그 뚱보가 무슨 짓을 한 거야?"

그때 문이 활짝 열리며 심부름을 갔던 큰아들이 숨을 헉헉거리며 들어왔다.

"아버지, 큰일 났어요."

"무슨 일이냐?"

"지금 앞집에 손님들이 줄을 서서 기다리고 방송국에서도 취재를 하러 와 있어요. 그 뭐더라. 맞다! '웰빙 맛집 여행' 그 프로그램 아나운서 진짜 예쁜데. 흐흐흐!"

"뭐랏!"

"가게 앞에 플래카드까지 걸려 있던 걸요."

"그, 그래? 그 뚱땡이가 뭐라고 써 놓았더냐?"

"그, 그게 분명히 보긴 했는데 까먹었어요."

"이런 한심한 놈! 그러니 평소에 공부 좀 하고 머리를 썼어야지. 거기서 여기까지 몇 걸음이나 된다고 그걸 까먹어. 먹을 게 없어서 까먹었냐?"

"다시 보고 오면 되잖아요."

툴툴대며 나갔던 큰 아들은 이내 다시 돌아왔다. 이번엔 잊어버리지 않으려고 계속 입으로 중얼거리며 외우고 있었다.

"음……, '최고의 단백질 식품, 웰빙 안심 스테이크 판매' 라고 쓰여 있었어요."

"요 며칠 파리 날리는가 싶더니, 흥! 우리도 뭔가를 하지 않으면 안 되겠어."

"아버지, 어떡하시게요?"

'딱!'

"아야, 아파요. 아버지!"

"그러니까 지금 생각하고 있잖아, 말 시키지 마."

"치이."

또우찬팅의 사장은 오랜만에 진지 모드로 들어가 이리저리 생각을 하기 시작했다. 잠시 뒤 음흉한 미소를 지으며 일어난 사장은 지하실로 뛰어가 무언가를 찾아 들고 다시 돌아왔다.

"사장님, 이건 확성기잖아요."

"흐흐흐, 좋은 생각이 있어."

"아버지! 서, 설마 이걸로?"

"설마라니, 이것만큼 확실한 방법도 없지. 움하핫!"

"아버……."

"잔말 말고 따라 나오기나 해."

식구들과 직원들을 모두 끌고 가게 앞으로 나온 또우찬팅의 사장은 확성기를 입에 대고 말을 꺼내기 시작했다.

"아아, 마이크 테스트. 웰빙을 찾아 골목을 어슬렁거리십니까? 여기에 여러분이 찾으시는 이 시대의 마지막 웰빙 식품! 콩 요리가 있습니다. 콩은 최고의 단백질 식품이자, 풍부한 영양소를 가지고 있는, 두말 필요 없는 웰빙 식품입니다. 둘이 먹다가 나중에는 서로 먹으려고 싸우게 되는 콩 요리가 있습니다."

로우레스토랑 앞에서 기다리고 있던 손님들과 방송국 사람들도 이 말에 솔깃하여 하나 둘씩 또우찬팅 앞으로 모여들었다.

"자…… 자, 일단 맛을 보시죠. 자 들어가세요. 어서 어서."

또우찬팅의 사장은 앞으로 모여드는 사람들을 억지로 식당 안으로 꾸역꾸역 밀어 넣고는 브이 자를 척 내밀며 식당 문을 쾅 닫았다.

이 광경을 지켜보고 있던 로우레스토랑의 사장은 얼굴이 새빨갛게 달아올랐다.

"아니, 저…… 저…… 콩알만 한 놈이 남의 손님을 다 가로채 가는군."

기껏 끌어 모은 손님을 또우찬팅 사장이 얍삽하게 빼앗아 가자 점점 화가 난 로우레스토랑의 사장은 씩씩거리며 또우찬팅으로 향했다.

'쾅쾅!'

"아니, 이게 누구신가? 우리 콩 요리가 먹고 싶어서 왔는가?"

"이 얍삽한 놈!"

"아니 이 뚱보가 어디서 큰소리야?"

"우리 가게 앞에 기다리고 있던 손님들을 자네가 다 빼돌렸지?"

"무슨 소린지 영 모르겠군. 어험."

"어디서 오리발을 내밀어! 그리고 콩이 무슨 단백질이 있다고 그런 터무니없는 광고를 하나? 이 밤톨만한……."

"뭐라고? 밤톨? 내가 세상에서 제일 듣기 싫어하는 말 아홉 번째가 밤톨이야. 그것을 들추어내다니……."

"흥, 그 듣기 싫은 말들을 차례대로 쭉 읊어 줄까?"

"듣기 싫으니 당장 나가게. 우리도 장사를 해야 하니. 아들, 이 사람 밖으로 내보내고 소금 좀 뿌려라."

또우찬팅 사장은 아들을 시켜 로우레스토랑 사장을 밖으로 끌어

내고 소금을 한 바가지 가져와서 뿌려 댔다. 손님을 빼앗긴 것도 모자라 그런 모욕을 당한 로우레스토랑의 사장은 화가 가라앉지 않아 최후의 수단을 썼다.

"내가 코흘리개 시절을 생각해서 이렇게까지는 하고 싶지 않았지만, 이렇게 된 이상 참을 수 없지. 이번에야말로 본때를 보여 줘야겠군."

그리고 밤을 꼴딱 새고 날이 밝자마자 생물법정으로 가 콩을 단백질 식품이라고 손님들을 속였다며 사기죄로 또우찬팅 사장을 고소하였다.

식물 중에서 가장 단백질이 많은 것은 바로 콩입니다.
콩에는 단백질 40%, 지방이 20% 들어 있지요.

콩에는 단백질이 있을까요?
생물법정에서 알아봅시다.

 재판을 시작하겠습니다. 원고 측 변론하세요.

 단백질은 동물에게 있는 것입니다. 사람의
경우에도 피부, 머리카락, 몸속의 기관 모
두 단백질로 이루어져 있고 우리가 고기를 먹을 때에도 단백
질의 성분이 많다고 말합니다. 그러나 식물에게 단백질이 많
다는 것은 들어 보지 못했습니다. 무슨 이상한 소리입니까?
따라서 또우찬팅 사장은 사기를 친 것입니다.

피고 측 변론하세요.

단백질은 동물에게만 있는 것일까요? 영양학 박사 다머거 박
사를 증인으로 요청합니다.

의자 다리가 약간 구부러진 철로 된 증인석에 다머거 박사
가 앉았다.

 단백질은 동물에게만 있습니까?

 아닙니다. 식물에도 단백질이 있습니다. 단백질은 동물성 단
백질과 식물성 단백질로 나누어집니다.

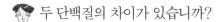

🗿 두 단백질의 차이가 있습니까?

🗿 우리 몸에서 만들어 내지 못해 음식으로 섭취해야 하는 아미
노산을 필수 아미노산이라고 하는데 식물성 단백질보다는 동
물성 단백질에 더 많이 들어 있습니다.

🗿 그렇다면 식물성 단백질보다 동물성 단백질을 먹으면 되는
거군요.

🗿 꼭 그렇지만은 않습니다. 비록 동물성 단백질보다 식물성 단
백질이 가진 필수 아미노산은 부족하지만 모자라는 부분을
보충할 수 있게 식물들을 서로 섞어 먹으면 됩니다.

🗿 이해하기 조금 어려운데요.

🗿 예로, 내가 빨간 공·노란 공·파란 공·검은 공이 필요한데
1번 주머니에는 빨간 공과 노란공이, 2번 주머니에는 파란 공
과 검은 공이 있습니다. 이때 1번 주머니만 가져가도 2번 주
머니만 가져가도 내가 필요한 공을 다 얻지 못하죠. 따라서 1
번 주머니와 2번 주머니에 있는 공을 섞어서 가져가면 내가
필요한 모든 공을 가져갈 수 있는 것이죠.

🗿 이제야 이해가 되는군요. 식물 중에서 가장 단백질이 많은 것
은 무엇입니까?

🗿 콩입니다. 콩은 밭에서 나는 고기라고 할 만큼 동물성 단백질
과 거의 비슷할 정도로 필수 아미노산이 많이 있습니다.

🗿 콩밥이 좋다고 하는데 그 이유가 무엇입니까?

콩에는 단백질이 40퍼센트, 지방이 20퍼센트가 있습니다. 대신 탄수화물은 적은 편이죠. 하지만 쌀에는 탄수화물이 많으므로 콩밥을 먹을 경우 3대 영양소인 탄수화물, 단백질, 지방을 다 먹게 되는 것입니다.

콩은 식물이지만 밭에서 나는 고기라고 할 만큼 단백질이 많이 포함되어 있습니다. 따라서 콩에 단백질이 있다고 말한 또우찬팅 사장은 사기죄가 아닙니다.

판결합니다. 콩은 식물이지만 고기를 능가할 만큼 많은 단백질이 있으며 그 단백질도 동물성 단백질 못지않은 단백질입니다. 따라서 또우찬팅 사장은 무죄임을 선고합니다.

판결 후, 또우찬팅 가게는 손님이 들끓었다. 또우찬팅 가게는 더 많은 콩 요리를 선보여 과학공화국의 제일가는 콩 요리 전문점이 되었다.

콩나물콩 키우기

콩나물콩을 물에 하룻밤 정도 불린 다음 일반 1.5리터짜리 페트병을 반으로 잘라 페트병 밑 부분에 송곳으로 구멍을 여러 곳 내고 페트병 바닥에 불린 콩을 넣는다. 그리고 검은 봉투로 페트병 윗부분을 잘 덮는다. 콩나물은 빛을 보면 연두색으로 변해 독성이 생기므로 빛을 차단해야 한다. 그런 다음 시간마다 수시로 물을 끼얹어 주면 일주일도 안 돼서 콩나물 키가 쑥쑥 자란다.

상추 먹고 깨진 소개팅

상추를 먹으면 정말 잠이 올까요?

'쿵쿵쿵!'

"우울 군, 일어나. 어서……!"

"룰루랄라, 이 얼마나 상큼한 아침인가!"

"허걱, 내가 깨우기도 전에 먼저 일어나 있다니! 혹시 오늘 해가 서쪽에서 떴나? 당장 기상청에 전화를 해 봐야겠어."

"하하, 놀랄 것 없어."

"혹시 어디 아프니? 열이라도 있는 거 아니야?"

"자꾸 그러면 삐칠 거야. 난 말이야 오늘부터 새 사람으로 태어나기로 했어."

대학생인 늘우울 씨와 김칙칙 씨는 학교 근처에서 같이 자취를 하고 있다. 늘 김칙칙 씨가 깨워야만 겨우 일어나던 늘우울 씨가 오늘 따라 일찍 일어나 있어서 김칙칙 씨는 잠시 혼란 상태에 빠졌다.

"혹시, 설마 샤워는?"

"이봐, 친구! 내가 언제는 안 씻었니?"

"응, 너 잘 안 씻잖아. 학교에 소문도 쫙 나 있는데."

"이거 대략 곤란하게 생겼군. 하지만 난 오늘부터 새로워질 거야. 그러니 옛날의 나를 잊어버려."

"무슨 안 좋은 일이라도? 맞다. 그래서 너 충격 받아서 그렇구나."

"흐흐흐, 묻지 마. 알면 다친다고."

"기분 나쁘게 웃는 거 보니까 안 좋은 일은 아닌데, 당장 너의 절친한 친구인 나에게 이실직고해."

"사실은 말이야. 으흐흐흐, 나 오늘 소개팅이란 걸 하게 되었어."

"뭐, 소개팅? 에이 설마 누가 너한테 소개팅을……."

"지금 나 무시하기 발언을 한 거야? 그런 거야? 그렇지만 특별한 날인 만큼 용서해 주도록 하지."

"근데, 상대방은 누구?"

"그게 말이야. 그것까지 알면 깜짝 놀랄 텐데. 으흐흐, 우리 학교 남학생들의 로망! 무용학과! 그것도 1학년 얼짱으로 소문난 김라라! 그래서 꼭두새벽부터 일어나서 꽃단장 좀 했어."

"흑흑, 시디로 가려지는 작은 얼굴에 빠져들 것 같은 깊은 눈, 작고 앙증맞은 코, 앵두 같은 입술, 주변에서 반짝반짝 빛이 나서 모두가 차마 가까이 가지 못하고 멀리서 지켜본다는 그 무용과 7대 얼짱인 그 김라라 말하는 건 아니겠지?"

"크크, 속고만 산 건 아니겠지?"

"으아아아악, 안 돼. 소문난 완소남인 내가 아니라 지저분하고 게으른 네가 소개를 받다니……."

"너무 절망하지 마. 너에게도 언젠가 그런 날이 올 거야."

"흑흑흑!"

"참, 그리고 나 점심 먹고 갈 거야. 오늘 네가 식사 당번이지? 부탁해, 친구!"

충격을 받고 한참 동안이나 패닉 상태에 빠져 있던 김칙칙 군은 터벅터벅 부엌으로 걸어가 온몸에서 암울한 오로라를 뿜어 대며 점심 준비를 했다.

"음…… 맛있는 냄새가 솔솔 나는군."

"억만 년 만에 소개팅을 하러 가는 널 위해서 조금 특별한 요리를 준비했지."

"땡큐, 베리 감사!"

"윽, 조금 배가 아프긴 하지만 김라라는 너에게 양보하지. 어서 먹어."

"우와, 이건 상추쌈 정식이잖아. 일 년에 한 번 네가 해 줄까 말까 한."

"먹자."

"냠냠! 쩝쩝! 김칙칙표 상추쌈이 최고라니까!"

평소보다 일찍 일어나 배가 너무 고팠던 늘우울 씨는 허겁지겁 상추쌈을 해서 먹기 시작했다.

"아, 배가 너무 빵빵해졌어."

"너무 많이 먹는다 했다. 그럼 난 아르바이트 때문에 먼저 나가 볼게."

"다녀오세용."

김칙칙 씨가 먼저 나가고 약속 시간이 조금 남아 있던 늘우울 씨는 방에서 쉬고 있었다.

"흐아암……, 왜 이리 졸리지?"

늘우울 씨는 책상 앞에 앉아서 꾸벅꾸벅 졸다가 이내 픽 쓰러졌다.

"지금쯤 우울이는 얼짱녀와 즐거운 시간을 보내고 있겠지."

한숨을 푹푹 쉬며 집으로 돌아온 김칙칙 씨는 불을 켜고 방으로 들어갔다.

'드르르릉!'

"헉, 뭐야! 벌써 소개팅 마치고 온 거야? 안 봐도 비디오군. 틀림없이 퇴짜 맞고 일찍 온 게지. 이봐, 일어나 봐."

바닥에 엎어져 자고 있는 늘우울 씨를 마구 흔들어 대며 깨웠다.

"으응, 지금 몇 시야?"

"8시지. 퇴짜 맞았냐?"

"으아아악, 큰일 났다. 4시에 만나기로 했는데 난 몰라. 어떻게 된 거지?"

"뭐야? 그럼 이때까지 퍼질러 잠만 잔거야?"

늘우울 씨는 자기 머리를 마구 쥐어뜯으며 흥분하기 시작했다.

"워워워, 진정해. 이미 엎질러진 물이야."

"밥 먹고 나서 이상하게 자꾸 졸려서…… 혹시?"

"혹시 뭐?"

"내가 소개팅하는 걸 계속 배 아파하더니 일부러 밥에 잠 오는 약 넣었지?"

"뭐라고? 기껏 신경 써서 맛있는 밥을 해 줬더니……."

"아니야. 내가 소개팅에 못 나가게 하려고 약을 탄 게 분명해. 그렇지 않고서야…… 어쩐지 이상하게 졸리다 했어."

"참 나, 기가 막혀서……."

"얼마 만에 온 기횐데 이렇게 허무하게 놓치다니, 용서할 수 없어."

"흥, 난 약을 넣지 않았어."

소개팅에 못 나간 늘우울 씨는 이 모든 게 김칙칙 씨 때문이라고 생각하고 생물법정에 김칙칙 씨를 고소하였다.

상추 외에 귀리, 쌀, 생강, 토마토, 호박씨, 바나나 등에
멜라토닌이 많이 들어 있죠.

상추를 먹으면 왜 잠이 잘 올까요?
생물법정에서 알아봅시다.

재판을 시작하겠습니다. 원고 측 변론하
세요.

억만 년에 한 번 있을까 말까 하는 소개팅
을 놓친 늘우울 씨, 얼마나 억울하겠습니까! 안 그래도 우울
하게 생긴 외모 때문에 여자 친구 한번 못 사귀어 봤다던데.
분명 칙칙하게 생긴 외모의 김칙칙 씨가 질투하여 밥에 수면
제를 뿌린 것이 분명합니다.

피고 측 변론하세요.

저는 '상추쌈'을 먹었다는 것에 주목했습니다. 불면증 치료
클리닉 수명제 원장을 증인으로 요청합니다.

잠이 쏟아지는 눈을 겨우 뜬 수명제 원장이 증인석에 앉았다.

흔히 상추를 먹으면 잠이 잘 온다는데 사실입니까?

사실입니다. 상추를 많이 먹으면 잠이 오죠.

상추의 어떤 성분 때문에 그렇습니까?

상추에는 락투카리움이라는 물질이 있습니다. 이 물질은 잎

이나 줄기를 자르면 나오는 유백색의 점액에 포함되어 있습니다.

모든 사람들이 상추를 먹으면 잠이 옵니까?

아닙니다. 체질에 따라 다릅니다. 커피를 마셨을 때 밤새도록 잠을 못 자는 사람이 있는가 하면 커피를 많이 마셔도 잠을 잘 자는 사람이 있는 것처럼 말이죠.

상추 말고도 잠이 잘 오는 다른 음식들은 없나요?

귀리, 쌀, 생강, 토마토, 호박씨, 바나나 등이 있습니다. 이들에는 멜라토닌이 포함되어 있어요.

멜라토닌은 무엇입니까?

멜라토닌은 사람이 잠을 자게 하는 물질입니다. 뇌에서 분비가 되면 잠이 오고 줄어들면 잠에서 깨어나는 거죠. 즉 몸속에 멜라토닌이 많으면 잠이 오고 멜라토닌이 적으면 잠이 안 오는 것이죠.

잠을 자기 전에 따뜻한 우유를 먹으면 잠이 잘 온다고 하는데 왜 그런 것입니까?

잠이 안 오는 이유 중에 칼슘이 부족해서 안 오는 경우도 있습니다. 우유를 마셔 칼슘을 채우면 잠이 오는 것이죠. 또 우유에는 멜라토닌을 만드는 재료인 트립토판이라는 물질이 많이 있습니다.

상추에는 잠이 잘 오게 하는 성분이 있으며 그 성분은 사람들

마다 다르게 작용합니다. 즉, 늘우울 씨는 상추를 먹었을 때 잠이 잘 오는 체질의 사람이고 소개팅을 나가기 전에 상추를 많이 먹었으므로 밤에는 수면제가 없었을 것입니다.

 판결합니다. 늘우울 씨는 상추쌈을 많이 먹어 상추에 있는 락투카리움을 많이 섭취하였고 이것이 잠을 자게 한 원인이었습니다. 물론 이 성분은 사람들마다 다르게 작용하지만 보통 상추를 먹으면 잠이 잘 오므로 소개팅 전 상추를 먹인 김칙칙 씨에게도 잘못이 있고 상추를 많이 먹어 잠이 온다고 해도 잠을 쫓아내려고 노력하지 않은 늘우울 씨도 잘못이 있음을 판결합니다.

판결 후, 한동안 늘우울 씨와 김칙칙 씨는 서로 으르렁거렸지만 애인 없는 솔로의 외로움에 다시 뭉치게 되었다.

상추

상추는 유럽과 서아시아가 원산지이고 채소로 널리 재배한다. 줄기는 가지가 많이 갈라지고 높이가 90~120cm이며 전체에 털이 없다. 뿌리에서 나온 잎은 타원 모양이고 크며 가장 큰 잎의 길이가 20~35cm, 폭이 25~39cm이다. 줄기에 달린 잎은 점차 작아지고 윗부분에 달린 잎은 밑 부분이 화살 밑 모양으로 줄기를 감싸며 양면에 주름이 많고 가장자리에 불규칙한 톱니가 있다. 꽃은 6~7월에 노란색으로 피고 가지 끝에 작은 꽃이 많이 모여 피어 있는 모습이다.

토마토에 설탕 뿌리면 어떡해요?

토마토의 비타민을 파괴시키지 않고 먹을 수 있는 방법은 무엇일까요?

안현명 씨는 과학공화국에서 아주 유명한 생물학
자이다. 그러나 그가 유명한 것은 훌륭한 논문을
발표했다거나 역사상 남을 만한 대단한 발견을 해
서가 아니라 그가 엄청난 괴짜이기 때문이다. 그는 20년 동안 줄곧
메뚜기에 대해서만 연구를 하였다. 그리고 작년 어느 날, 결국은
메뚜기로 사고를 쳤던 것이다. 아기 메뚜기에게 이상한 약을 주사
로 투입하여 어마어마하게 큰 슈퍼 메뚜기를 탄생시켰다. 그리고
그 일로 인하여 그는 경찰에 구속되기까지 했다. 하지만 일부 메뚜
기 마니아들이 경찰서 앞에까지 모여 그의 선처를 바라는 집단 농

성을 하는 바람에 가까스로 풀려났었다. 그리고 그 일이 있은 후 그는 학회에서 따돌림을 당했다.

"쯧쯧쯧, 제대로 된 연구는 하지 않고 이상한 괴물이나 만들어 내다니……."

"누가 아니라나? 아무튼 괴짜야, 괴짜!"

"지난번에 안 박사 집에 잠시 간 적이 있었는데 집 안이 온통 메뚜기로 가득하더구먼. 메뚜기들이 이리저리 폴짝폴짝 뛰어오르는데 겁이 나서 바로 나와 버렸잖아."

"메뚜기 박사라는 말이 딱 어울리는구먼. 허허허!"

그러나 그런 그에게도 아주 극소수이긴 하지만 팬들이 생겨났다. 그 팬들은 대부분 메뚜기를 사랑하는 모임 '메사모' 사람들이었다. '메사모' 사람들의 든든한 후원으로 그는 가끔씩 다른 곳으로 강연을 나가곤 했다.

'따르르릉!'

"네."

"박사님! 곧 저희 '메사모' 정기 모임이 있습니다. 이번에는 창단 15주년을 맞아 컨트리시티에서 정기 모임을 가질까 하는데 이번에도 박사님께서 오셔서 강연을 해 주셨으면 좋겠습니다."

"나야, 자네들이 매번 불러 주니 그저 고맙구먼. 허허허!"

"그럼 오시는 걸로 알고 있겠습니다. 그리고 숙소는 저희들이 마련해 드리겠습니다. 컨트리시티에 도착하시면 '빅빅 호텔'을 찾아

오십시오. 나름 최첨단 편의 시설이 마련되어 있어 아주 맘에 드실 겁니다."

"알겠네."

그리고 별로 할 일이 없었던 안현명 박사는 바로 짐을 챙겨 컨트리시티로 향했다. 호텔에 도착한 박사는 장거리 여행에 피곤했는지 바로 잠이 들어 버렸다.

"으응, 깜빡 잠이 들었군. 지금이 몇 시지?"

'꼬르륵 우르릉 쾅!'

"윽, 배꼽시계가 너무 요란하군. 뭘 좀 먹을까? 나가기도 귀찮은데 그냥 룸서비스나 시켜야겠군."

안 박사는 자리에서 일어나는 것도 귀찮아서 발끝에 있는 전화기를 잡기 위해 열심히 발가락을 꼼지락거렸다. 그리고 몇 번의 실패 끝에 가까스로 전화기를 잡았다.

"네네, 룸서비스입니다."

"여기 토마토 좀 갖다 주시게. 아참, 토마토는 흐르는 물에 깨끗이 씻고 그리고 잎은 다 따서 가지고 올 것! 아, 그리고 마지막 먹기 좋게 반으로 잘라 오는 것도 잊지 말게나."

생긴 것과는 다르게 까다롭게 주문을 마치고는 또다시 발가락으로 전화기를 집어 간신히 원래 자리에 두었다.

'똑똑!'

"들어와."

"룸서비스입니다. 주문하신 토마토……."

"앗, 이건 또 뭔가? 웬 설탕을 이렇게나 뿌려 왔지?"

"저희 호텔에서는 토마토를 주문하시면 꼭 설탕을 뿌려 드립니다."

"나는 설탕을 뿌려서 가져다 달라고 한 적이 없네."

"저희 호텔 방침입니다."

"흥, 서비스가 영 엉망이군. 맞춤형 서비스도 모르는가? 손님 취향을 맞춰서 가져올 줄도 알아야지! 다시 가서 설탕을 뿌리지 않은 토마토로 바꿔 오게."

"절대 그럴 수 없죠."

"이봐, 웨이터! 토마토에 설탕을 뿌리면 건강에도 안 좋다 말이야. 당장 바꿔 오게."

"손님, 이렇게 자꾸 억지를 부리시면 어떡합니까? 그리고 토마토가 건강에 얼마나 좋은데요. 설탕 하나 뿌렸을 뿐인데 뭐가 다르단 거죠?"

"아니, 이 사람이! 내가 누군 줄 알고 이러나?"

"누구시죠? 후아유?"

"정말 별꼴을 다 보는군. 여기 호텔은 손님들에게 항상 이런 식인가?"

"저희는 정말 최상의 친절로 손님들을 대하고 있죠. 무슨 그런 섭섭한 말씀을! 제발 억지 부리시지 말고 그냥 드세요. 얼마나 꿀

맛인데요."

"정말 불쾌하기 짝이 없군. 이런 곳에 더 이상 머무르고 싶지 않아. 자네도 그만 나가보게."

"그럼 토마토는 두고 나가겠습니다."

설탕을 안 뿌린 토마토를 가져오라고 했는데도 끝까지 버티며 그럴 수 없다고 하자 화가 머리끝까지 치솟은 안현명 박사는 짐도 아무렇게나 대충 챙겨서 빅빅 호텔을 나왔다.

"정말 뻔뻔한 웨이터군. 내 그 뻔뻔함이 사라지게끔 해 주지. 흥!"

그리고 컨트리시티에 있는 생물법정으로 찾아가 설탕을 안 뿌린 토마토로 바꿔 주지 않은 빅빅 호텔의 웨이터를 고소하였다.

비타민 B₁이 부족하면 각기병에 걸리기 쉽고
늘 피곤하며 집중력이 떨어지게 됩니다.
또한 어지러우며 소화가 잘 되지 않지요.

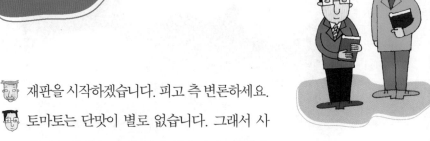

토마토에 설탕을 뿌리면 왜 안 될까요?
생물법정에서 알아봅시다.

재판을 시작하겠습니다. 피고 측 변론하세요.

토마토는 단맛이 별로 없습니다. 그래서 사람들은 설탕을 많이 뿌려 먹습니다. 설탕이 토마토를 상하게 하는 것도 아니고 설탕 뿌린 토마토를 먹고 병난 사람도 없습니다. 따라서 웨이터는 잘못이 없습니다. 쩝쩝!

피고 측 변호사, 뭐하는 겁니까?

보면 모릅니까? 토마토 먹고 있잖아요.

귤 이후에 또 그러네. 이번에도 설탕이 뿌려진 토마토를 먹고 아무 이상이 없다는 걸 증명하기 위해 먹는다고 말하려고요?

재판장님, 정말 잘 아시는군요. 역시 재판장님이셔. 재판장님도 드실래요?

됐습니다. 저 친구 어떻게 할 수도 없고. 에휴, 원고 측 변론하세요.

영양학 박사 다머거 박사를 증인으로 요청합니다.

다머거 박사가 증인석에 앉았으나 의자가 주저앉아 버려 결국 서서 증언하였다.

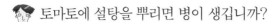

🧑 토마토에 설탕을 뿌리면 병이 생깁니까?

🧑 아닙니다. 병이 생기기보다는 필요한 영양분을 제대로 흡수하지 못합니다.

🧑 어떤 영양분을 흡수하지 못하죠?

🧑 토마토에는 여러 가지 영양분이 있는데 설탕과 같이 먹을 경우 비타민 B_1이라는 성분을 흡수하지 못합니다.

🧑 왜 흡수하지 못하죠?

🧑 사람이 설탕을 섭취하면 설탕을 몸에서 쓰기 위해 좀 더 작은 물질로 쪼개는 작업을 합니다. 그런데 이 작업에서 필요한 물질이 비타민 B_1입니다. 따라서 토마토 속의 비타민 B_1이 몸에 흡수되지 못하고 설탕 쪼개기 작업에 쓰이는 것이지요.

🧑 비타민 B_1이 몸에 부족하면 어떤 현상이 일어납니까?

🧑 다리가 붓고 저리며 심지어 마비까지 오는 각기병에 걸립니다. 또 늘 피곤하며 집중력이 떨어지고 어지러우며 소화가 잘 되지 않고 먹고 싶은 욕구가 떨어집니다.

🧑 토마토를 어떻게 먹으면 가장 좋은가요?

🧑 당연히 아무것도 바르지 않고 먹는 것이 가장 좋겠지만 가열해서 먹는 방법도 좋습니다. 가열하면 비록 비타민 C가 파괴되지만 토마토 속의 좋은 성분이 몸에 더 잘 흡수가 됩니다.

🧑 토마토는 단맛이 거의 나지 않아 설탕을 뿌려 먹습니다. 하지만 이 설탕은 오히려 토마토 속의 비타민 B_1이 몸에 흡수되는

것을 방해합니다. 따라서 토마토를 먹을 때는 설탕을 뿌려 먹어서는 안 됩니다.

판결합니다. 설탕을 뿌린 토마토는 맛은 있겠지만 비타민 B1이 설탕을 분해하는 작업에 참여하여 몸에 흡수되지 못합니다. 따라서 토마토를 먹을 때는 설탕을 뿌려서는 안 됩니다.

판결 후 빅빅 호텔에 묵는 손님들이 너도나도 설탕을 뿌리지 않은 토마토를 요구하여 빅빅 호텔은 결국 방침을 바꾸었다.

 토마토

토마토는 일년감이라고도 한다. 남아메리카 서부 고원 지대가 원산지이다. 높이 약 1m이다. 가지를 많이 내고 부드러운 흰 털이 빽빽이 난다. 잎은 길이 15~45cm이며 특이한 냄새가 있다. 작은 잎은 9~19개이고 달걀 모양이거나 긴 타원 모양이며 끝이 뾰족하고 깊이 패어 들어간 톱니가 있다. 꽃이삭은 8마디 정도에 달리며 그 다음 3마디 간격으로 달린다. 꽃은 5~8월에 노란색으로 피는데, 한 꽃이삭에 몇 송이씩 달린다.

미나리의 좋은 점

한방에서 미나리는 약재로 사용됩니다. 미나리의 맛은 달고 매우며 찬 성질이 있죠. 미나리는 열을 내리고 소변을 잘 보게 하는 효능이 있어서 더위 먹은 뒤 입이 많이 마른 경우에 먹으면 좋아요. 하지만 성질이 차기 때문에 소화 기능이 약한 사람은 적게 먹는 것이 좋죠. 목이 아플 때 미나리 즙에 꿀을 넣어 진하게 달여 먹어도 좋아요. 땀띠에는 미나리 즙을 바르면 효과가 있어요. 또 어린이 체증, 구토, 설사에는 미나리 5~6개에 120mL 정도의 물을 부어 약한 불에 달여 먹이면 좋아요.

또한 미나리는 기관지와 폐에 쌓인 노폐물을 걸러 주는 역할을 하므로 매연이나 먼지가 많이 발생하는 곳에서 일하는 사람들에게 좋죠. 또한 미나리는 피를 맑게 해 주는 기능이 있고 섬유질이 많아 변비에도 좋고 칼로리가 낮아 다이어트 식품으로도 좋답니다.

고추를 먹으면 왜 혀가 얼얼하죠?

고추 특유의 매운맛은 고추 속에 들어 있는 '캅사이신'이라는 물질 때문입니다. 캅사이신은 항균 효과와 항암 기능도 강합니다. 고추의 매운 성분은 지용성이기 때문에 물을 마셔도 얼얼한 기운이 가시지 않아요. 그럴 때는 밥이나 빵을 먹든가 우유를 먹는 게 좋다고 합니다.

붉은 고추에는 비타민이 특히 많이 들어 있으므로 겨울철 감기를 예방할 수 있습니다. 그러나 위장을 약하게 만들 수도 있어요. 고추는 비타민 A가 풍부하고 비타민 C도 많이 함유하고 있어요. 특히 비타민 B_2가 상당히 많이 들어 있으므로 고추가 많이 든 음식을 먹게 되면 건강하게 겨울을 지낼 수 있죠. 또 고추는 향신료로서의 기능도 강해 밥맛이 없어 밥을 잘 먹지 못할 때 고추를 한 개 정도만 먹게 되면 위산 분비가 촉진되고 혈액 순환이 활발하여 음식을 제대로 먹게 됩니다.

푸른 고추를 소금물이나 약한 식초에 2~3시간 동안 담가 놓으면 매운맛이 빠져요. 이때 조리하면 어린이도 잘 먹을 수 있죠. 또한 우리 몸에 좋은 캡사이신 양은 변하지 않아요. 빨간 고추는 감기에 걸려 목이 아프거나 두통이 심할 때 먹으면 효력이 있으며 또 혈액 응고를 막고 콜레스테롤 수치를 낮추며 저혈압에도 좋아요.

여러 가지 식물에 관한 사건

마다가스카르섬의 난초

꽃이 긴 난초는 왜 박각시나방 없이 씨앗을 만들 수 없을까요?

사건속으로

스우시티에 사는 이식물 씨는 특이한 취미가 있었
다. 그것은 바로 신기한 꽃들을 모으는 것이었다.
그래서 이식물 씨 집은 항상 괴상하게 생긴 꽃들로
숲을 이루고 있었다.

"꺄악!"

'다다다다닥!'

"우리 공주님! 무슨 일이니?"

소리가 난 곳으로 가 보니 이식물 씨의 일곱 살 난 외동딸이 파
랗게 질린 얼굴로 쓰러져 있었다. 역시나 문제는 이식물 씨가 새로

사 온 사람 얼굴 모양을 한 꽃 때문이었다. 유치원을 마치고 돌아오던 딸이 현관문 위에 대롱대롱 달려 있는 그 꽃을 보고는 놀라서 쓰러졌던 것이다. 이런 해프닝은 한두 번이 아니었다. 매번 이식물 씨가 괴상하게 생긴 꽃들을 사 올 때마다 부인과 딸은 한 번씩 이런 식의 환영 행사를 치러야 했다.

어느 평화로운 오후, 이식물 씨의 개인비서이자 운전기사인 한 기사가 집안으로 헐레벌떡 뛰어 들어왔다.

"사장님, 사장님……!"

"왜 또 호들갑을 떠는가! 좀 한 번이라도 조용히 들어오게."

"그게 말이죠. 제가 정말 특급 정보를 입수해 왔습죠. 흐흐흐!"

"자넨 만날 그 소린가? 이젠 지겹지도 않나? 만날 그렇게 말하면서 가져오는 거라곤 쓸데없는 정보들뿐이면서, 쯧쯧."

"이번에는 진짭니다. 믿어 주세요."

"그럼 어디 말해 보게."

"아이참, 사장님도! 비밀이 새 나가면 어쩝니까? 낮에는 새, 밤에는 쥐들이 귀를 쫑긋쫑긋 세우고 있는데 잠시 귀 좀……."

'속닥속닥!'

"흠, 확실한 거겠지?"

"아휴, 좀……."

"자네 말이라면 콩 심은데 콩 난다고 해도 뭔가 찝찝하단 말이야. 하지만 뭐 자네가 이토록 열을 올리는 걸 보니까 한번 믿어 보지."

그리고 다음 날 이식물 씨는 짐을 싸서 홀연히 사라졌다. 며칠 뒤 다시 돌아온 이식물 씨는 가족들에게 갑작스런 통보를 하였다.

"내일 이사 간다. 음하하하!"

"풉, 푸하하하! 갑자기 이사라니, 농담도 참……."

"어허, 부인. 농담이라니! 지나치군. 진짜 이사를 가자는 말이지. 내가 말이야 요 며칠 어디 좀 다녀왔는데 그곳을 본 순간 난 운명을 느꼈어. 그리고 그곳에서 평생을 살아야겠다고 생각했지."

"도대체 무슨 말이에요? 제발 알아듣게 말해요. 안 그래도 발음도 안 좋으면서, 흥!"

"저기 남쪽에 마다가스카르섬이란 곳이 있는데, 섬 전체가 신기하게 생긴 꽃들로 뒤덮여 있더군. 그런 판타스틱한 곳은 다른 어디에도 없을 거야."

"쳇, 그럼 그렇지. 지금도 모자라서 아예 괴상한 꽃들이 우글거리는 곳으로 이사를 가자고요? 난 절대 반대."

"흠, 이거 대략 난감하군. 벌써 이 집은 팔아 버렸는걸. 내일까지 집을 비워 주기로 약속했으니 싫어도 가야 할 거야. 호호호!"

이식물 씨는 그렇게 억지로 가족들을 데리고 마다가스카르섬으로 이사를 갔다.

"어때? 정말 황홀 그 자체지? 하하하! 이곳에 아주 넓은 난초 밭을 만들 생각이야."

그러나 부인과 딸은 천지에 널린 이상한 꽃들 때문에 이미 또 한

번의 기절을 하고 난 뒤였다. 섬으로 이사 온 지 얼마 되지 않아 이 식물 씨는 말을 하는 꽃이 발견되었다는 정보를 입수하고 다른 곳으로 홀연히 떠나 버렸다. 그러자 그가 보물단지같이 여기는 난초 밭은 자연스럽게 한 기사의 몫이 되었다.

"휴, 끝이 없군! 이럴 때 '짠' 하고 그 이상하게 생긴 원숭이처럼 머리카락을 뽑아 나를 여러 명 만들어 낼 수 있으면 좋을 텐데, 히히!"

'웅웅웅, 위이이잉!'

"아까부터 나방이 왜 이리 많이 들끓지? 시끄럽군."

한 기사가 손으로 휘휘 저으며 나방들을 쫓으려고 해도 그럴수록 나방들이 더 많이 꼬여드는 것 같았다. 그리고 난초 주위를 빙글빙글 돌아가며 한 기사를 약 올렸다.

"우씨, 뭐야! 나방들, 날 지금 놀리는 거야?"

약이 오른 한 기사는 계속 나방들을 쫓아다녔다. 그러나 아무런 소용이 없었다.

"헉헉, 숨차 죽겠네. 에잇, 모르겠다. 내일이면 없겠지?"

그러나 그 다음 날 난초 밭으로 나온 한 기사는 더욱 많아진 것 같은 나방 때문에 한동안 말을 잃고 멍하니 서 있었다.

"오늘도 출근들을 하셨군. 나도 너희들과 더 놀아 주고 싶지만, 너희들 때문에 혹시라도 난초 밭이 엉망이 되거나 난초들이 상처를 입으면 내가 곤란해진단 말이야. 슬프지만 오늘 너희들과 이별을 해야겠어."

주먹을 불끈 쥐고 무언가 다짐을 한 한 기사는 곧장 근처의 약 가게로 달려가 곤충을 죽이는 약을 사 왔다.

'치이이익 칙칙!'

"흑흑, 나도 어쩔 수 없어."

약을 뿌려서 나방들을 모두 죽이고 나서 그제야 개운한 기분이 든 한 기사는 이식물 씨가 오면 이 일을 말해야겠다고 생각했다.

'흐흐흐, 분명 흐뭇해하시면서 보너스라도 주시겠지.'

이런저런 생각들을 하며 기분이 좋아진 한 기사는 하루 빨리 이식물 씨가 돌아왔으면 좋겠다고 생각했다.

한 기사의 바람 때문이었는지 다음 날 이식물 씨는 섬으로 돌아왔다.

"우리 난초들은 착하게 자라고 있겠지?"

"그럼요. 제가 잘 지키고 있어서 모두 건강합니다."

난초 밭으로 가는 동안 한 기사는 어제 있었던 일들을 하나도 빠짐없이 말했다. 그러나 이식물 씨의 반응은 무덤덤하였다. 드디어 난초 밭에 도착했는데 그 순간 이식물 씨의 얼굴은 붉으락푸르락 달아올랐다.

"아니! 이게 대체 어떻게 된 건가? 도대체 난초들한테 무슨 짓을 한 거야?"

멀쩡하던 난초들이 모두들 시들어 죽어 있었다.

"아니, 이게 어떻게 된 거지? 분명 멀쩡했었는데……."

"혹시 자네가 뿌린 약 때문에 그런 건 아닌가?"

"아닙니다. 전 단지 나방들을 죽이려고 난초들을 지키려고 그런 것뿐인데……."

"흥, 자넬 믿고 떠났던 내가 한심하군. 내가 부인과 딸의 온갖 핍박과 구박에도 굴하지 않고 일궈 낸 난초 밭인데, 이렇게 모두 엉망진창이 되게 하다니!"

난초들이 모두 죽어 엉망이 된 난초 밭을 보고 흥분한 이식물 씨는 한 기사를 생물법정에 고소하기에 이르렀다.

곤충이 꽃의 꿀을 빨아 먹으면서 몸에 꽃가루를 묻혀 다른 꽃으로 가면 이 꽃가루가 암술의 머리에 닿아 밑씨까지 가게 되는 것입니다.

여기는 생물법정

난초 밭이 사라진 이유는 무엇일까요?
생물법정에서 알아봅시다.

재판을 시작하겠습니다. 피고 측 변론하
세요.

한 기사는 나방을 죽이기 위해 약을 뿌린
것밖에는 없었습니다. 나방이 난초들을 해칠까 봐 난초들을
보호하려는 차원에서였죠. 오히려 난초 입장에서는 자신들을
해치려는 나방이 사라져서 좋았을 것입니다. 그렇기 때문에
난초 밭이 사라진 이유는 따로 있을 것입니다.

원고 측 변론하세요.

식물 생태 전문가 한생태 박사를 증인으로 요청합니다.

연둣빛 옷을 입은 한생태 박사가 증인석에 앉았다.

하시는 일을 말씀해 주세요.

식물들의 습성이나 사는 환경, 자손 보존의 방법 등을 연구하
고 있습니다.

식물은 자손 보존을 어떻게 하지요?

암술 밑에 있는 밑씨와 수술에 있는 꽃가루가 만나 씨앗을 만

듭니다. 이 씨앗이 또 다른 식물을 만들죠.

꽃가루가 어떻게 밑씨까지 갈 수 있죠?

여러 가지 방법이 있지만 이번 사건과 관련 있는 곤충에 의해서 옮겨지는 방법을 설명해 드리겠습니다. 곤충은 꿀을 빨아 먹기 위해 꽃 안으로 들어가는데 이 과정에서 곤충의 몸에 꽃가루가 묻습니다. 곤충은 또 꿀을 빨아 먹기 위해 다른 꽃으로 가는데, 이때 몸에 묻어 있던 꽃가루가 암술의 머리에 닿아 관을 따라 밑씨까지 가게 되는 것이죠.

마다가스카르섬의 난초도 그런 방식으로 씨앗을 만듭니까?

네, 그렇습니다. 하지만 다른 꽃들과는 달리 어려운 점이 있어요.

어떤 어려운 점이 있나요?

마다가스카르섬의 난초는 꽃의 깊이가 무려 46센티미터나 됩니다. 따라서 다른 곤충들이 꿀을 빨아 먹으려 꽃 안으로 들어가기에는 너무 깊은 곳이지요.

그러면 씨앗을 만들 수 없잖아요.

아닙니다. 박각시나방이라는 나방 덕에 씨앗을 만들 수 있습니다. 박각시나방은 긴 혀를 가지고 있어서 난초의 꿀을 빨아 먹을 수 있거든요.

마다가스카르섬의 난초는 박각시나방 없이는 씨앗을 만들지 못합니다. 한 기사가 박각시나방을 죽이는 바람에 난초는 씨

앗을 만들지 못하고 죽은 것입니다. 따라서 한 기사의 잘못으로 난초 밭이 사라진 것입니다.

 판결합니다. 꽃이 씨앗을 만들기 위해서는 여러 개체의 도움이 필요하지만 마다가스카르섬의 난초의 경우는 박각시나방의 도움이 절실히 필요합니다. 그러나 한 기사가 박각시나방을 죽여 난초는 씨앗을 만들지 못하고 죽어서 결국 난초 밭이 사라진 것입니다. 따라서 한 기사의 잘못임을 판결합니다.

판결 후 한 기사는 잘릴 수밖에 없었다. 그 후 식물에 대한 책을 열심히 읽어 다른 곳의 꽃 관리사로 취직하였다.

 해오라기 난초

해오라기는 '흰 오리'라는 뜻으로 해오라기 난초는 꽃의 모양이 날개를 편 해오라기와 같다고 하여 붙인 이름이다. 하얗게 꽃피운 모습이 바람에 흔들릴 때는 마치 진짜 무리를 지어 하늘을 나는 해오라기와 같은 모습으로 보인다. 해오라기 난초는 더워지기 시작하는 초여름에 피기 시작한다.

수련이 모두 시들었잖아요?

수련은 왜 해가 지면 꽃잎이 오므라들까요?

"별님! 달님! 저의 새해 소망은…… 아시죠? 헤헤."

"또 혼자 생 쇼를 하고 있네. 뭐하냐?"

"오늘은 또 왜 이리 앙칼지실까? 보면 모르냐? 소
원 빌고 있지."

"그 소원 비는 것만 벌써 몇 년째냐? 백 날 천 날 소원 빌지 말고
제발 아껴서 저금 좀 해라."

"치이, 나도 나름 허리 졸라매고 아끼고 있단 말이야."

"뿡이다. 아무리 봐도 연구 대상이란 말이지. 어떻게 먹는 데만
돈을 그렇게 써 대는지, 쯧쯧. 조금만 덜 먹어도 네 소원 열 번도

더 이루어졌겠다."

"그건 좀 그래. 밥을 먹어도, 먹어도 뭔가가 허전하단 말이지. 그렇지만 두고 봐. 지성이면 감천이랬어. 언젠가 별님이 내 소원을 들어줄지도 몰라."

"나이는 거꾸로 먹었구나. 불쌍한 것!"

생물 박사인 이심청 씨와 은행에 근무하고 있는 나알뜰 씨는 유치원 코흘리개 시절부터 친구이며 지금은 작은 원룸에서 같이 생활하고 있었다. 이심청 씨는 또래 친구들이 인형놀이며 소꿉놀이를 할 때 특이하게도 학교 연못에 있는 수련을 보고 있는 것을 좋아했다. 그래서 늘 소원이 수련이 가득 피어 있는 작은 연못이 있는 집을 갖는 것이었다. 그러나 월급을 받는 족족 간식 사다 나르기에 바빴고 저금이라고는 땡전 한 푼도 하지 않아 조건이 맞는 집이 몇 번 나올 때마다 눈물 콧물 다 짜 내며 포기를 해야만 했다.

그리고 그녀의 하루 일과 중 하나는 집 근처에 있는 '사기 부동산'에 들러 조건이 맞는 집이 나왔는지 아닌지 확인하는 것이었다.

"아저씨, 저 왔어요. 오늘은 어때요?"

"거참, 끈질기군. 그런 집이 어디 흔한 줄 알아? 오늘도 없으니까 그만 집에나 가 봐."

"아아아잉, 아저씨! 헤헤, 혹시 나오면 저한테 젤 먼저 알려 주기예요. 배신하기 없기 하늘에 대고 맹세하기, 퉤퉤!"

"아, 이 녀석! 여기다가 침을 뱉어 놓으면 어떡해. 예끼, 이놈!"

"그러니까요. 꼭 저한테 알려 주셔야 돼요."

"알았으니까 이거나 닦아 놓고 얼른 가."

"넵, 분부대로 하죠. 헤헤!"

하루도 빠지지 않고 부동산에 들락거리는 이심청 씨 때문에 '사기 부동산' 주인인 참정직 씨는 이만저만 귀찮은 게 아니었다.

"야, 심청! 전화 받아."

"아, 마사지하고 있는데."

"부동산인데? 안 받을 거야? 그럼 끊는다."

"잠깐 잠깐! 사람이 또 그렇게 성급하면 안 되는 거거든. 히히, 여보세요?"

"집이 하나 나왔는데 보러 갈 거야?"

"정말요? 진짜죠? 당근 보러 가야죠. 아저씨 딱 십 분만 기다려요. 내가 총알같이 달려갈 테니까."

이심청 씨는 집이 나왔단 말에 얼굴에 덕지덕지 붙여 놓았던 오이들을 급하게 떼어 놓고는 바로 부동산으로 달려갔다. 참정직 씨와 함께 도착한 곳은 근처의 작은 빌라였는데 각 동마다 앞에 작은 연못이 있었고 연못에는 수련이 예쁘게 피어 있었다.

"우아…… 뷰티풀! 짝짝짝!"

"맘에 들지?"

"아저씨 너무 너무 맘에 들어요. 그런데 가격은?"

조심스럽게 가격을 묻자 아저씨는 대답 대신 손가락 4개를 펼쳐

보였다. 당장 저금해 놓은 돈이 없는 이심청 씨는 풀이 죽은 채로 집에 돌아왔다.

"또 왜 이리 음침 모드냐?"

"알뜰아……, 나 사천만 땡겨 주라."

"엥? 사천이 강아지 이름도 아니고 망설이지도 않고 그런 말을 하냐? 그러지 말고 이번에 괜찮은 적금 상품이 나왔는데 말이야. 이참에 너도 적금이란 걸 좀 해 보지 않겠니? 성실한 사람이 되는 것도 꽤 괜찮은 일인데."

"흑, 나 좀 살려 줘……."

"안 돼!"

이심청 씨는 울고불고 떼를 쓰기도 하고 화를 내며 억지도 부리고 단식 시위까지, 수단과 방법을 가리지 않고 나알뜰 씨를 꼬드겼다. 아침엔 출근도 못하게 발목을 잡고 늘어지기도 했다. 귀찮은 걸 싫어하는 나알뜰 씨는 어쩔 수 없이 이심청 씨에게 돈을 빌려 주었고, 이심청 씨는 소원대로 그 작은 빌라로 이사를 갔다.

"아! 이제 대충 짐 정리도 끝났다. 해도 지고 배도 고프고 자장면 이나 시켜 먹어야겠다."

자장면을 기다리는 동안 수련을 볼 생각에 베란다로 나갔다.

"어머, 어쩜 가로등 불빛에 비치니까 더 낭만적이야. 오늘밤은 낭만 심청이 된 것 같군. 호호, 어라! 근데 꽃들이 왜 저리 오므라들었지? 낮에만 해도 활짝 피어 있었는데. 뭐야! 분위기 확 깨잖

아. 이런 건 내가 진정 원하던 것이 아니라고, 으아아앙!"

　이사를 와서 보니 자기가 원하던 수련 연못과는 너무도 달라 몹시 실망한 이심청 씨는 '사기 부동산'의 참정직 씨가 사기를 쳤다고 생각하고는 생물법정에 참정직 씨를 고소하였다.

수련은 햇빛의 양이 많은 낮에는 활짝 피고
햇빛의 양이 줄어드는 밤에는 오므라듭니다.

수련은 왜 낮에 피고 밤에 질까요?
생물법정에서 알아봅시다.

재판을 시작하겠습니다. 원고 측 변론하
세요.

꽃은 한 번 피면 질 때까지 쭉 펴 있습니다.
그래서 늘 아름다운 자태를 뽐내죠. 특히 수련은 아름답고 품
위 있는 느낌이라 많은 사람들이 좋아합니다. 하지만 이심청
씨가 밤에 보았을 때 수련은 오므라들어 있었습니다. 이것은
분명 죽은 것입니다. 따라서 아름다운 수련 연못이 있다고 한
참정직 씨는 거짓말을 한 것입니다.

피고 측 변론하세요.

화훼 재배가 희동구 씨를 증인으로 요청합니다.

농부 차림을 한 희동구 씨가 증인석에 앉았다.

밤에 오므라든 수련은 죽은 것입니까?

아닙니다. 지극히 정상적인 것입니다.

꽃이 폈다가 오므라든 것은 죽을 때나 그런 것인데 정상적인
것이라뇨?

비록 밤에 오므라든 수련이지만 아침이 되면 예쁘게 피어 있을 것입니다. 수련은 낮에는 피어 있고 밤에는 오므라드는 습성이 있거든요.

어떻게 그렇게 되죠?

햇빛의 양 때문입니다. 수련은 햇빛의 양이 증가하면 개화하고 햇빛의 양이 줄어들면 오므라듭니다. 흐린 날에도 꽃은 잘 피지 않습니다.

왜 그런 것이죠?

수련은 곤충의 도움을 받아 씨앗을 만드는 꽃입니다. 따라서 곤충이 활동하는 낮에 꽃을 피우고 곤충이 없는 밤에는 꽃을 오므리죠.

다른 꽃 중에 수련과 같은 꽃이 있나요?

나팔꽃과 호박꽃 등이 있습니다. 반면에 밤에 피고 낮에 오므리는 꽃들도 있습니다. 분꽃, 박꽃, 달맞이꽃 등이 있죠.

밤에는 곤충이 많지 않아 씨앗을 만들기에 힘들 텐데요.

보통 이 꽃들은 바람에 꽃가루를 날려서 다른 꽃의 암술에 묻혀 씨앗을 만듭니다. 또 나방이 꽃가루를 옮겨 주기도 하지요.

수련은 햇빛의 양에 따라 꽃잎이 펴지거나 오므라듭니다. 즉, 아침이나 낮같이 햇빛의 양이 많을 때 꽃잎이 펴지고 저녁이나 밤같이 햇빛의 양이 적거나 없을 때 꽃잎이 오므라드는 것

이죠. 따라서 수련의 꽃잎이 밤에 오므라들었다고 해서 죽은 것이 아니라 지극히 정상적인 것입니다.

 판결합니다. 이심청 씨가 낮에 본 수련은 꽃잎이 활짝 펴 있었고 밤에 본 수련은 꽃잎이 오므라들어 있었습니다. 이는 햇빛의 양에 따른 수련의 정상적인 행동이며 따라서 다음 날 아침이나 낮이면 다시 예쁘게 펴 있는 수련을 볼 수 있을 것입니다. 그러므로 참정직 씨는 거짓말을 하지 않았습니다.

판결 후 이심청 씨는 매일 아침 운동하는 겸 수련을 보러 갔다. 아름답게 펴 있는 수련을 보며 이심청 씨의 마음은 날아갈 듯하였다.

수련

수련은 여러해살이 수중 식물로 굵고 짧은 땅속줄기에서 많은 잎자루가 자라서 물 위에서 잎이 펴지며, 잎 몸은 질이 두꺼운 달걀 모양 원형이고 밑 부분은 화살 밑처럼 깊게 갈라진다. 앞면은 녹색이고 윤기가 있으며, 뒷면은 자줏빛이고 질이 두껍다. 꽃은 긴 꽃자루 끝에 1개씩 달리며 흰색이다. 꽃받침 4개, 꽃잎은 8~15개이며 정오경에 피었다가 저녁 때 오므라들며 3~4일간 되풀이한다. 수술과 암술은 많고 꽃말은 '청순한 마음'이다. 수련 속에는 40종 내외의 기본 종과 많은 인공 잡종이 있으며 모두 수련으로 통한다. 크게 온대성 종류와 열대성 종류로 나눈다.

도깨비바늘이 저절로 꽃피웠어요

도깨비바늘은 어떻게 멀리까지 씨앗을 뿌릴 수 있을까요?

뿌랜트공화국은 나라라고 하기에는 과학공화국 내 하나의 시만큼밖에 안 되는 매우 작은 나라였다. 그러나 지역마다 특이한 식물들이 많아 관광 수입으로 나라를 운영한다고 해도 과언이 아닐 만큼 관광객들이 줄을 잇는 나라이기도 했다. 하지만 모든 지역이 다 사이가 좋은 것은 아니었다. 특히 오삼요 마을과 요리와 마을은 서로 욕하며 으르렁거렸다. 두 마을 사이에는 강 위에 다리가 하나 있었는데 그 다리에서는 늘 두 마을의 아이들이 모여 서로 유치한 마을 욕하기를 하고 있었다.

"야, 오삼요 마을은 로떠리아도 없다면서?"

"그러는 요리와 마을은 아욱빽 있어?"

"뭐야? 이 로떠리아도 없는 시골아!"

"흥, 아욱빽 하나 없는 미개 마을아!"

아이들은 어른들의 거울이라고 했던가. 어른들은 아이들보다 심하면 심했지 덜하지는 않았다.

"오삼요 마을은 사람들이 모여서 씻는대요. 목욕탕이라고 했던가? 에구, 망측해라."

"정말요? 모두들 옷도 안 입고 씻는대요?"

"그럼 씻는데 옷 입고 씻어요?"

"어머머, 생각만 해도 부끄러워요."

"요리와 마을은 물고기를 날것으로 먹는대요."

"네? 물고기를 익히지도 않고 먹는다고요?"

"그게 회라고 했던가? 아무튼 음식을 익히지도 않고 먹다니 그게 원시인이나 하는 짓이지요."

이렇게 마을이 이웃하고 있어도 문화 차이를 이해하지 못하고 서로 야만인이라고 생각하고 있었다.

"돌돌이 엄마, 오늘 무지개 장미 축제 준비 회의 때문에 마을 회관에 모이라고 하네요."

"벌써 축제할 때가 되었나? 시간 참 빨라요."

"그러게요. 어서 갑시다."

요리와 마을은 매년 무지개 장미 축제를 열어 관광객을 유치했다. 이 마을의 무지개 장미는 한 장미 안에 무지개 색깔이 들어가 아름다운 자태를 뽐내어서 당연 뿌랜트공화국에서 가장 인기 있는 식물이었다.

　"올해도 무지개 장미가 활짝 피었어요. 우리 잘해 봅시다. 다른 안건이 있나요?"

　"올해는 숙박 시설을 늘렸으면 좋겠습니다. 작년에 관광객이 너무 많아 숙박 시설이 모자라는 바람에 오삼요 마을에 관광객을 뺏겼잖아요."

　"그렇군요. 숙박 시설을 당장 늘리도록 합시다."

　요리와 마을은 올해는 관광객을 오삼요 마을에 뺏기지 않겠다고 굳은 다짐을 하였다. 만반의 준비를 하고 요리와 마을과 오삼요 마을은 각자의 축제를 시작하였다. 그러나 작년만큼 관광객이 많이 모이지 않았다.

　"이상하군요. 어째서 관광객이 많이 모이지 않는 것일까요?"

　"우리 아들이 강 건너로 봤는데 오삼요 마을에 관광객이 엄청나게 많다고 하더라고요."

　요리와 마을은 긴급 대책 회의를 하였다. 관광객이 준 건 둘째치고 오삼요 마을에 관광객이 몰려 있다는 사실이 분해서였다.

　"오삼요 마을은 이때까지 또르르 넝쿨 식물로 축제를 열었잖습니까. 작년까지만 해도 올해처럼 관광객이 많지 않았는데……."

"또르르 넝쿨 식물이 쭉쭉 넝쿨 식물로 변할 리도 없고 이거 어떻게 된 일인지, 원."

"저기요, 외국에 사는 제 친구가 연락 오기를 이번 오삼요 마을은 또르르 넝쿨 식물 축제를 하지 않는다고 합니다."

요리와 마을 사람들의 시선이 주먹코 씨에게로 몰렸다. 주먹코 씨는 말을 이었다.

"뾰족뾰족하게 생긴 식물로 축제를 한다고 하더군요. 그래서 축제 이름도 뾰족뾰족 식물 축제라고 하더라고요."

"흠, 뾰족뾰족하게 생긴 식물이라! 그런 식물이 있나요? 친구가 뭘 잘못 안 것은 아니고?"

"이장님, 그러면 몰래 오삼요 마을에 가보는 건 어떨까요?"

"그거 좋은 아이디어군. 그럼 도덕넘 씨가 변장해서 다녀오도록 해요."

평소 변장이 취미인 도덕넘 씨가 오삼요 마을에 잠입했다. 변장도 한데다 관광객이 워낙에 많아서 요리와 마을 사람이라는 것을 아무도 몰랐다. 도덕넘 씨는 안내자의 안내에 따라 뾰족뾰족 식물이 있는 쪽으로 가 보았다.

"이것이 뾰족뾰족 식물입니다. 열매가 마치 가시처럼 뾰족뾰족해서 이름을 뾰족뾰족 식물이라고 지었답니다."

도덕넘 씨는 뾰족뾰족 식물 사이에서 기념 촬영까지 하고 무사히 요리와 마을로 돌아왔다. 그런데 도덕넘 씨 옷에 이상한 것들이 달려 있었다.

"이게 뭐야? 아무튼 오삼요 마을 사람들처럼 지저분한 식물이로구먼."

도덕넘 씨는 옷에 달린 것들을 털어 내고 마을 회관으로 갔다. 그리고 마을 사람들에게 뾰족뾰족 식물 사진을 보여 주었다.

"특이하게 생기긴 하였군. 하지만 우리도 질 수 없다. 내년에는 무지개 장미와 더불어 좀 더 참신한 식물을 기획해 보자고."

요리와 마을 사람들은 축제가 끝난 뒤 1년 동안 열심히 새로운 식물을 개발하려 애를 썼으나 실패로 돌아갔다. 그런데 요리와 마을에서도 뾰족뾰족 식물이 나기 시작했다.

"오오, 이것은 뾰족뾰족 식물이 아니던가? 무지개 장미와 같이 선보이면 올해 축제는 대성공일 거야."

요리와 마을은 '무지개 장미와 뾰족뾰족 식물이 함께하는 축제'를 개최하였고 대성공이었다. 그러나 오삼요 마을이 가만있을 리가 없었다. 오삼요 마을의 간부들이 요리와 마을로 쳐들어왔다.

"미개한 마을이다 못해 이제는 우리 식물까지 훔쳐간 파렴치한 요리와 마을!"

"뭐라고? 우리는 식물을 훔친 적이 없어."

"그럼 뾰족뾰족 식물이 발이 달려 여기까지 왔냐?"

"흥, 그런가 보지 뭐. 오삼요 마을이 얼마나 싫었으면 우리 요리와 마을까지 걸어 왔겠냐?"

"아니 뭐라고? 이제 거짓말까지 하다니! 당신네 마을을 식물을 훔쳐간 도둑 마을로 고소할 거야!"

"흥, 어디다 고소하게? 우리나라는 그런 유치한 걸로 고소를 받아 줄 법정이 없거든?"

"이웃 나라 과학공화국의 생물법정에 고소하면 되지. 거긴 모든 나라의 과학 사건을 해결해 주는 곳이야. 두고 봐!"

오삼요 마을은 과학공화국의 생물법정에 요리와 마을을 고소하였다.

도깨비바늘은 열매에 갈고리가 있기 때문에 동물의 몸이나
사람의 옷에 달라붙어 멀리까지 씨앗을 운반합니다.

여기는 **생물법정**

식물의 씨앗은 어떻게 퍼질까요?
생물법정에서 알아봅시다.

 원고 측 변론하세요.

식물이 원래 있던 곳에서 멀리 떨어진 곳에
도 나게 하려면 식물을 옮겨 심거나 씨앗을
심는 방법이 있습니다. 그런데 이번 사건의 경우는 오삼요 마
을과 요리와 마을 사이의 거리가 먼 점과 일 년 후 식물이 났
다는 점에서 보았을 때 요리와 마을이 몰래 씨앗을 훔쳐 심었
다고 볼 수 있습니다.

 피고 측 변론하세요.

식물이 씨앗을 퍼뜨리는 방법에는 여러 가지가 있습니다. 식
물 생태 전문가 한생태 박사를 증인으로 요청합니다.

연둣빛 옷을 입은 한생태 박사가 증인석에 앉았다.

우선 이 식물의 이름부터 알려 주십시오.

사진상으로 봤을 때 도깨비바늘이라는 식물이군요.

도깨비바늘 식물은 어떤 것이죠?

높이가 25~80cm 정도이고 양면에 털이 난 잎이 마주나는

게 특징이죠. 그리고 8~10월에는 노란색 꽃이 핍니다.

도깨비바늘이 어떻게 해서 다른 마을에 생길 수가 있었을 까요?

도깨비바늘의 열매는 좁은 줄 모양이고 관모에 거꾸로 된 가 시가 나 있습니다. 이 가시가 동물이나 사람의 옷에 잘 달라 붙어 멀리까지 퍼질 수 있습니다.

도깨비바늘처럼 씨앗을 옮기는 식물이 있나요?

도깨비바늘 이외에 가막사리라는 식물도 있는데 그 씨앗도 갈고리가 있어서 잘 붙습니다.

독특한 방법이네요. 또 다른 씨앗 전달 방법은 없을까요?

대개 바람에 의해 날아가거나 물에 떠내려가고 또 동물에 의 해 옮겨지는 방법이 있습니다. 그리고 씨앗 주머니나 열매 주 머니가 터져서 퍼지는 방법도 있지요.

바람에 의해 날아가는 식물은 어떤 것이 있을까요?

우리가 제일 많이 볼 수 있는 것이 민들레입니다. 민들레는 씨 위에 날개가 달려 바람에 날아가지요. 소나무의 씨도 비슷 한 경우입니다.

소나무 씨는 본 적이 없는 것 같은데 어디 있는 거죠?

소나무의 씨는 솔방울 속에 있습니다. 솔방울 중에 하나를 뽑 으면 날개가 달린 씨가 나오죠. 단풍나무도 바람에 의해 씨앗 이 날아갑니다.

동물에 의해 퍼지는 것은 무엇이 있을까요?

대부분이 맛있는 열매를 여는 식물들입니다. 열매 속에 씨가 있습니다.

열매 속의 씨가 어떻게 퍼진다는 것이죠?

열매 속에 씨가 있어 이를 먹은 동물이 나중에 배설했을 때 그 속에 씨가 같이 나와 씨가 퍼져 나간 것처럼 되지요.

그렇군요. 주머니가 터져서 퍼지는 것은 무엇이 있나요?

콩이나 봉숭아입니다. 콩은 콩깍지가 터지면서 콩이 튀어 나가고 봉숭아는 씨앗 주머니가 터지면서 씨앗이 튀어 나갑니다.

식물은 여러 방법에 의하여 씨앗을 멀리 퍼뜨립니다. 도깨비 바늘의 경우는 열매에 갈고리가 달려 동물의 몸이나 사람의 옷에 잘 달라붙어 멀리까지 씨앗을 운반할 수 있습니다.

오삼요 마을에서 사람들이 도깨비바늘을 구경할 때 열매가 옷에 달라붙거나 도깨비바늘 사이에 있던 동물의 몸에 열매

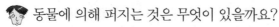

도깨비바늘

도깨비바늘은 산과 들에서 자란다. 높이는 25~85cm이고 털이 다소 있으며 줄기는 네모지다. 잎은 마주 나고 양면에 털이 다소 있으며 2회에 걸쳐 깃꼴로 갈라진다. 갈라진 조각은 달걀 모양 또는 긴 타원형으로 끝이 뾰족하고 톱니가 있다. 위로 올라갈수록 작아지고 밑 부분의 잎은 때로 3회 깃꼴로 갈라진다. 8~10월에 노란색 꽃이 피고, 지름 6~10mm이며, 가지 끝과 줄기 끝에 꽃이 매달린다. 가시가 있어 다른 물체나 동물에 잘 붙는다.

가 달라붙어 요리와 마을로 씨앗이 옮겨졌을 것입니다. 따라서 요리와 마을이 식물이나 씨앗을 훔쳤다고 보기는 어렵습니다.

판결 후, 요리와 마을은 도깨비바늘과 무지개 장미로 축제를 열어 큰 인기를 모았지만 얼마 후 오삼요 마을에서 독특한 식물을 개발하여 관광객을 두고 또 치열한 싸움을 벌였다.

산호초는 식물인가요?

산호와 산호초는 어떻게 다를까요?

"야아, 그 뉴스 들었어? 부러지나 피스랑 안졸려 젤리가 결혼한다는 거!"

"어어, 들었지. 야, 정말 세기의 커플 아니냐?"

"그렇지. 최고의 미남 배우와 최고의 미녀 배우의 만남이라. 와, 나도 피스 반만 닮은 남자 만났으면 좋겠다."

"꿈 깨셔. 너 같은 폭탄이 무슨 재주로?"

"뭐야? 그러면 너는?"

"뭐, 아무튼 두 사람 결혼식이 기대된다. 결혼식과 신혼여행에 천문학적인 돈을 쓸 거라잖아."

"역시 부자들은 뭔가 달라."

아미카공화국의 세계적 영화 중심지라고 불리는 하리우드의 세기의 커플 부러지나 피스와 안졸려 젤리의 결혼에 온 세계 사람들의 이목이 집중되고 있었다. 둘은 한 영화에서 만나 사랑이 싹터 열애 한 달 만에 결혼을 하겠다고 발표를 한 것이었다.

"오! 마이 허니, 피스! 우리 결혼식은 잘 진행되고 있는 건가요?"

"그럼요, 달링! 내 비서들이 알아서 잘하고 있어요."

"피스, 나 소원이 하나 있는데."

"뭔가요, 젤리?"

"우리 신혼여행은 과학공화국의 환상 천국에 가고 싶어요."

"아, 거대한 산호초가 있다는 과학공화국의 남부 해안 말이오?"

"네, 어릴 적 책에서만 봐 왔던 환상의 천국에 한 번 가보는 게 소원이었답니다."

"하지만 거긴 우리가 묵을 만한 호텔이 없는걸요."

"가끔은 소박한 호텔에서 지내 보는 것도 나쁘진 않을 것 같아요."

"달링의 뜻이라면 뭔들 못하리오. 당장 비서에게 말해 두어야겠군."

부러지나 피스는 비서팀장에게 신혼 여행지는 과학공화국의 '환상의 천국'으로 가겠다고 통보했다. 원래 여행지에서 급작스런 변경에 비서들은 당황할 수밖에 없었다. 두 사람의 신혼 여행지는 파파라치와 인근 주민들을 통제하기 위해 극비리에 진행하여 거의 마무리 단계였기 때문이다.

"팀장님, 호텔 측 관계자가 노발대발했어요. 두 커플을 위해 특별히 준비했는데 갑자기 취소를 하면 어쩌자는 거냐고요."

"어쩔 수 없잖나. 갑자기 다른 곳으로 가겠다는데. 대충 위약금 물어서 마무리 짓게."

"팀장님, 환상의 천국 보안 상태 보고 드리겠습니다. 그곳은 아주 아름다운 산호초가 있어서 유명하긴 하지만 관광지로는 아직 잘 개발되지 않아서 관광객이 그리 많지 않은 편이라고 합니다."

"그럼 사람들 통제는 문제없겠군. 호텔은?"

"호텔이 바로 앞에 있습니다. 그곳은 고위 관료층들이나 유명 연예인들이 묵는 곳이라 일반인 관광객은 거의 오지 않는 편이랍니다."

"그나마 낫군. 호텔 측과 연락해 보게. 그리고 잠수정도 알아보고."

"네, 알겠습니다."

"갑자기 왜 바꿔서 이 고생을 하게 만드나. 에휴!"

비서팀장은 머리가 지끈거렸다. 그때 젤리 쪽 비서팀장에게서 연락이 왔다.

"그쪽은 준비가 잘되고 있습니까? 신혼 여행지를 바꿨다는 이야기가 들리던데."

"네, 과학공화국의 환상의 천국으로 긴급 변경되었어요."

"보나마나 젤리 씨 때문이겠죠. 여기도 젤리 씨의 변덕 때문에 고생이 이만저만이 아니에요. 결혼식과 신혼여행만 무사히 끝나면 그쪽과 우리 쪽 연합해서 어디 휴가나 다녀옵시다."

"그럽시다. 어느 때보다 힘든 일인 듯하군요. 그럼 수고."

그렇게 양쪽 비서들의 희생으로 인해 부러지나 피스와 안졸려 젤리의 세기의 결혼식은 성대하게 거행되었다. 세계적인 연예인들이 모인 가운데 피스의 저택에서 파티 형식으로 결혼식을 진행하였고 이는 전 세계에 생중계되었다.

"젤리, 너무 예쁘다. 저 드레스 좀 봐. 다이아몬드가 몇 개나 박힌 거야?"

"저 드레스만 엄청나겠다."

"참, 저 두 사람 신혼 여행지가 우리나라라며?"

"에이, 거짓말."

"소문이 그래. 이때까지 안졸려 젤리가 인터뷰할 때마다 환상의 천국에 가보는 게 소원이라고 말했대."

"아무리 그래도 관광지로 개발이 제대로 안 된 그곳을 간다고? 말도 안 된다."

과학공화국 사람들은 이 커플이 환상의 천국으로 신혼여행 올 거라는 사실을 까맣게 모르고 있었다. 결혼식을 마친 피스, 젤리 커플은 새로 구입한 전용 비행기를 타고 과학공화국의 환상 천국으로 왔다.

"어머, 피스! 내가 책에서만 봐 왔던 환상 천국에 오다니 꿈만 같아요."

"오, 달링! 당신을 위해서 저 하늘의 별도 따 줄 수 있는데 이런 것쯤은 식은 죽 먹기요. 하하! 어서 잠수정에 탑시다."

두 사람은 잠수정을 타고 바다 밑으로 갔다. 바다 밑에는 거대한 산호초들이 아름답게 빛나고 있었다.

"피스, 나 꿈을 꾸고 있는 것 같아요."

"젤리, 이건 꿈이 아니오. 잘 보시오. 당신이 그토록 와 보고 싶어 하던 그곳이 여기니!"

"그런데 피스! 산호초는 식물인가요, 동물인가요?"

"글쎄요. 산호초니까 식물 아닐까요?"

부러지나 피스와 안졸려 젤리는 환상의 천국에서 즐겁게 신혼여행을 마치고 아미카공화국으로 돌아왔다. 그 후 끊임없는 인터뷰가 이어졌다.

"이번 신혼 여행지는 극비리에 다녀오셨는데 어디로 다녀오셨나요?"

"과학공화국의 환상 천국에 다녀왔습니다."

"산호초들로 유명한 곳 말이죠?"

"네, 정말 멋진 곳이었어요. 그런데 관광지로 개발이 안 되어서 많은 사람들이 못 본다는 것이 아쉽더군요. 하하! 그래서 그곳에 우리가 썼던 잠수정을 기부하고 왔어요."

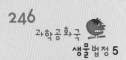

인터뷰가 나간 뒤 환상의 천국은 세기의 커플 신혼 여행지로 급 부상하면서 갑자기 많은 관광객들이 모였다. 그 때문에 산호초가 훼손되지 않도록 관리하는 것과 관광지 개발을 진행해야 했다. 그러나 과연 산호초를 누가 관리하느냐가 문제였다. 문화관광부 장관에게 식물청과 동물청이 서로 산호초는 자기네들이 관리하겠다고 다투고 있었다.

"산호초의 단어에서 초는 '풀 초' 자 아니던가? 그러니 산호초는 식물일세."

"아니야. 산호는 동물에서 만들어진 것이니 동물이야."

"동물청 요즘 경제적으로 힘들다더니 괜히 억지 쓰는 것 아닌가?"

"억지라니! 억지 쓰는 쪽은 식물청이지. 어떻게 산호초가 식물인가?"

"그럼, 산호초가 동물이라는 증거를 대 봐."

"좋소. 그러면 산호초가 식물이라는 증거를 대 봐."

식물청과 동물청은 서로 으르렁거리다 결론이 나지 않아 생물법정에 의뢰하기로 하였다.

바다 생물인 폴립이 자신의 몸을 보호하기 위해
바다 속 화학 물질인 석회질로 만든 단단한 보호 껍질이 산호예요.

여기는 생물법정

산호초는 동물일까요, 식물일까요?
생물법정에서 알아봅시다.

생치 변호사, 변론하세요.

산호초는 분명히 식물입니다. 산호초의
'초'가 '풀 초' 아니겠습니까?

'풀 초'가 아닐 수도 있잖습니까?

아닙니다. 분명 '풀 초' 맞습니다. 그리고 산호초는 동물처럼
먹지도 움직이지도 않습니다.

또 고집을 피우는군. 비오 변호사, 변론하세요.

생물 분류학자 다분해 박사를 증인으로 요청합니다.

　　다분해 박사가 아주 두껍고 무거운 책을 들고 증인석에 앉
았다.

산호는 무엇입니까?

산호는 폴립이라는 아주 작은 동물들이 만드는 것입니다.

폴립이 뭉치는 건가요?

그렇습니다. 폴립들은 몸이 아주 연약하기 때문에 서로 수억
마리가 모여 개체를 만드는데 이를 산호라고 합니다.

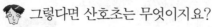 그렇다면 산호초는 무엇이지요?

폴립들이 자신의 몸을 보호하기 위해 바다속의 석회질이라는 화학 물질로 단단한 껍질을 만듭니다. 모든 폴립들은 그 안에 함께 있고 바다 밑에 붙어살죠. 여기서 폴립들이 다 죽고 껍질만 남으면 그것을 우리는 산호초라고 하는 것입니다.

그러면 산호 바위라고 하지, 왜 산호초라고 하는 것이죠?

우리는 흔히 산호초의 '초'를 '풀 초'라고 생각하기 쉬운데 원래는 '숨은 바윗돌 초'입니다.

그러면 산호는 동물이군요.

네, 산호는 동물이라고 볼 수 있습니다.

산호는 폴립이라는 작은 바다 생물이 수억 마리 모여 석회질이라는 바다 속 화학 물질로 만든 단단한 보호 껍질입니다.

아주 작은 바다 생물인 폴립이 수억 마리가 모여 커다란 개체

 산호

산호는 여러 개의 폴립으로 이루어져 있다. 폴립은 '다리가 많다'는 뜻의 라틴어인데, 하나의 폴립은 한 개의 강장과 여러 개의 촉수로 이루어져 있다. 강장은 먹이를 소화시키고 양분을 흡수하며 자손을 늘려 나가는 역할을 한다. 촉수는 산호가 먹이를 잡는 데 쓰는 무기인 셈이다. 촉수를 오므렸다 폈다 하면서 먹이를 잡기 때문이다. 낮에는 오므리고 있다가 밤이 되면 촉수를 활짝 펴고 먹이를 기다린다. 그러다가 지나가던 먹이가 촉수에 닿으면 산호는 재빨리 촉수에 있는 독침을 쏘아 먹이를 잡는다. 그러고는 먹이를 날라다 입에 넣고는 몸속에 있는 독침으로 완전히 죽인다.

를 만드는데, 이를 산호라고 하며 개체를 보호하기 위해 단단한 껍질을 만듭니다. 그 후 폴립이 죽고 남은 껍질이 산호초입니다. 또 산호초의 '초'는 '숨은 바윗돌 초'입니다. 따라서 산호는 동물이나 산호초는 바위와 비슷한 암초입니다.

재판 후, 산호초를 동물청에서 관리하게 되었으나 환상의 천국 안의 신기한 바다 식물이 발견되어 이를 식물청이 관리하게 되었다.

헥~!!
살려주세요.

거칠 되게
시끄럽네~

개구리를 삼킨 식물

작은 동물을 잡아먹는 식물이 정말 있을까요?

사건속으로

이식물 씨는 새로운 식물을 모으는 취미가 있었다.
이번에 그가 관심을 갖게 된 것은 '벌레잡이통풀'
이라고 불리는 것이었다.

"후후, 요 예쁜 것! 어디 있다 인제 나타난 거니?"

"또 괴식물을 가져오셨구먼. 도대체 어디서 그런 걸 구해 오는
건지."

"어허, 괴식물이라니! 말조심해."

"진짜 미스터리다, 미스터리! 이것도 지구 8대 미스터리랑 맞장
떠도 되겠다. 그 이상한 취미 생활은 이제 그만해도 안 되겠니?"

"응, 안 되겠어. 나의 유일한 낙인데 어떻게 그런 심한 말을 할수가 있어?"

"말세다, 말세. 그건 또 뭔데?"

"아, 이거. 흐음, 이걸로 말씀드릴 것 같으면 그 이름도 고상한 벌레잡이통풀이란 거지. 하하하! 정체를 알게 되면 더 깜짝 놀랄걸."

"이놈! 정체를 밝혀라."

점점 더 기분이 좋아진 이식물 씨는 또다시 헛기침을 하며 친구에게 설명을 하였다.

"벌레잡이통풀은 말이야. 말 그대로 벌레를 먹고사는 식물이지. 그리고 특기는 파리 잡기. 벌레 중에서도 파리를 잘 잡아먹지. 그래서 집 안에 두면 파리 걱정은 끝! 앵앵거리는 파리도 잡고, 취미 생활도 하고 이것이야말로 하나의 돌로 두 마리 새를 잡는 것이지."

"파리를 잡는다고? 오오, 친구! 나에게도 그거 하나만 줘 봐."

"자네가 이걸 어디다 쓸려고?"

"헤헤, 안 그래도 여름이라 파리가 기승을 부리는데 날마다 칙칙 약 뿌리는 것도 귀찮고 이놈 하나만 있으면 파리 걱정은 끝이라며?"

"허허, 이 사람이 지금 이것을 파리나 잡게 가져간단 말인가? 내가 얼마나 애지중지하는 것인데 에취킬라 취급을 하다니. 원래 줄 생각도 없었지만 그런 이유라면 더더욱 줄 수 없지."

"친구한테 선물로 하나 줄 수도 있지, 너무 쌀쌀맞게 구는군. 흥! 난 가겠네."

"삐치기는! 내일 다시 오게. 내일은 더 특별한 구경을 시켜 주지."

친구가 삐치면서 돌아가도 이식물 씨는 여전히 싱글벙글 웃고 있었다. 사실은 내일 얼마 전 주문한 트럼펫 벌레잡이통풀이 오는 날이기 때문이다. 입구가 트럼펫 모양으로 생겨서 이름도 트럼펫 벌레잡이통풀이었다. 그리고 마니아층 사이에서 가장 인기가 있었다. 그리고 다음 날 도착한 트럼펫 벌레잡이통풀을 거실 한쪽에 두고 정리를 하고 있는데 친구가 들어왔다.

"뭘 또 보여 준다더니!"

"올 줄 알았네. 설마 아직도 화나 있는 건 아니겠지?"

"무슨 소리! 내가 그렇게 의지가 약한 사람인 줄 아나? 내가 아직도 다 풀렸다고 생각하면 오산이야. 아직도 37% 정도는 안 풀렸다고."

"내가 그 37%를 풀어 주겠네. 이리 와 보게."

"애개개, 또 그 벌레 잡는 풀인가 머시긴가 하는 거 보여 주려는 건가?"

"쯧쯧, 그리 대충대충 보지 말고 다시 보게. 이건 보통 벌레잡이통풀이랑은 다르지. 입 모양을 봐. 신기하게 생겼지?"

"뭐 좀 다르긴 하네. 입 모양이 꼭 그, 거시기 뭐더라. 아무튼 그거처럼 생겼군."

"거시기가 아니라 트럼펫일세! 잘 봐. 이제 곧 이놈이 파리를 잡아먹을 거야. 기대하시라. 두구두구두구!"

그때 정말 비실거리며 날아다니던 파리 한 마리가 트럼펫 벌레잡이통풀 입속으로 들어갔다.

"으하, 장렬한 최후를 맞이하시는 파리 장군님!"

"거참 신기하긴 신기하구먼."

"그렇지, 내가 뭐랬나? 자네도 벌레잡이통풀의 매력에 푹 빠지게 될 거야."

"근데 말이야. 집 안에 있는 파리를 이놈이 다 잡아먹는가?"

"암, 그렇지."

"허허, 이놈 너무 과식하는 거 아닌가? 이러다가 뚱뚱해지는 거 아닌가? 비만 벌레잡이통풀, 하하하! 미리 방송국에 전화나 해야겠군."

"비만이라, 그럼 보기 정말 흉할 텐데. 내가 그 생각을 미처 못했군."

친구의 말을 듣고 트럼펫 벌레잡이통풀이 비만이 되어 보기 흉해진 모습이 떠오른 이식물 씨는 그런 일이 일어나면 안 되겠다고 생각하고 어떻게 하면 파리를 조금만 잡아먹게 할지 궁리를 하기 시작했다. 한참을 생각하던 이식물 씨는 갑자기 무릎을 탁 치며 자리에서 일어났다.

"옳지, 그런 방법이 있었군. 트럼펫 벌레잡이통풀아, 이 아빠가

네가 비만이 되지 않도록 해 주마. 비만은 성인병의 원인이 되니 미리부터 조심을 해야지. 암……."

그러고 나서는 곧장 어디론가 나가 파리 잡아먹기 대마왕인 개구리 한 마리를 구해 왔다.

"그렇지. 개구리가 파리를 잡아먹게 되면 트럼펫 벌레잡이통풀이가 잡아먹을 파리가 줄어들겠군."

이식물 씨는 뿌듯해하며 개구리를 트럼펫 벌레잡이통풀의 잎 위에 넣어 두었다. 그리고 그 뒤로 정말 트럼펫 벌레잡이통풀 근처로 온 파리를 개구리가 날름 잡아먹었다.

그러던 어느 날, 일을 마치고 집으로 돌아온 이식물 씨는 오자마자 트럼펫 벌레잡이통풀이 있는 곳으로 왔다.

"오늘도 잘 지내고 있었지? 착한 개구리도 잘 있었니? 어, 근데 개구리는 어디 갔지? 며칠 잘 있더니 어디로 사라진 거야?"

사라진 개구리를 찾기 위해 온 집안을 뒤졌지만 끝내 개구리는 찾을 수 없었다. 그래서 이식물 씨는 마침내 개구리를 찾아 달라며 생물법정에 의뢰를 하였다.

벌레잡이통풀은 통의 입구와 뚜껑에 꿀샘이 있어
이 냄새로 벌레들을 유인해 잡아먹는 답니다.

개구리는 어디로 사라졌을까요?
생물법정에서 알아봅시다.

재판을 시작하겠습니다. 생치 변호사, 변론
하세요.

제가 생각하기에 개구리는 집 안 어딘가에
있을 것입니다. 개구리는 주변 환경에 맞춰 몸 색깔을 바꾸는
능력이 있습니다. 따라서 집 안 어딘가에서 색깔을 바꾸어 꼭
꼭 숨어 있어서 의뢰인이 못 찾은 것일 수도 있죠.

어느 정도 일리가 있는 말이군요. 그런데 보호색으로 숨어 있
다고 해도 벌레를 잡아먹으려 나오거나 우는 소리가 날 텐데
이건 어떻게 생각하나요?

그 개구리는 원래 숨바꼭질을 좋아하는 조용한 개구리겠죠.

웬일로 맞는 말을 한다고 했더니 역시나 이상한 말을 하는군
요. 비오 변호사, 변론하세요.

저는 의뢰인이 벌레잡이통풀에 개구리를 올려놓았다는 것에
주목했습니다. 식충 식물 전문가 자바라 씨를 증인으로 요청
합니다.

벌레잡이통풀을 든 자바라 씨가 증인석에 앉았다.

벌레잡이통풀은 어떤 것이죠?

제가 가져온 이 식물이 벌레잡이통풀입니다. 잎이 넓고 그 끝에 포충낭이라고 하는 벌레를 잡는 통이 있습니다. 통 안에는 벌레를 녹이는 소화액이 있습니다. 그리고 대부분의 통풀의 통에는 덮개가 달려 있는데, 이는 비가 내릴 때 빗물이 통 안으로 들어와 소화액이 묽어지는 것을 방지하기 위해서이죠.

벌레잡이통풀은 어떻게 벌레를 유인할까요?

통의 입구와 그 부근의 뚜껑에는 꿀샘이 있습니다. 여기서 나는 냄새로 벌레를 유인하죠.

벌레가 냄새를 맡고 온다 하더라도 통 안으로 들어가기 쉽지 않을 텐데요.

통은 매우 미끄럽습니다. 냄새를 맡고 온 벌레가 통 입구에 앉았다가 미끄러져서 통 안으로 들어가는 거죠.

벌레잡이통풀은 벌레만 잡아먹나요?

통의 크기에 따라서는 작은 들쥐나 개구리까지 잡아먹는 경우가 있습니다.

사라진 개구리에 대해서 어떻게 생각하시나요?

벌레잡이통풀 잎 위에 앉아 있다가 사라졌다고 했으니 아마 통 속으로 떨어진 것일 거예요. 벌레를 잡아먹으려다 통에 미끄러져 빠진 것이겠죠. 그래서 잡아먹힌 것일 겁니다.

벌레잡이통풀은 통의 입구와 그 부근에 꿀샘이 있어 향긋한

향기로 벌레를 유인한 다음 벌레가 통 입구에 앉으면 매우 미끄럽기 때문에 벌레가 미끄러져 통 안으로 떨어집니다. 통의 크기에 따라 벌레뿐만 아니라 작은 동물까지 잡아먹을 수 있습니다.

판결합니다. 개구리는 보호색에 의해 주위 환경에 자신의 몸을 숨기는 경우가 있으나 집 안에서 개구리의 우는 소리가 들리지 않을뿐더러 흔적도 없다고 하였습니다. 그리고 의뢰인이 벌레잡이통풀 잎 위에 개구리를 올려놓았다고 하였으므로 개구리는 벌레를 잡아먹으려다 미끄러운 통에 빠졌을 것입니다. 따라서 개구리는 사라졌으므로 찾을 수 없습니다.

판결 후 이식물 씨는 트럼펫 벌레잡이통풀을 버릴까 했지만 구하기 쉽지 않은 식물이므로 계속 키우기로 결심하였다.

어떻게 식물이 파리를 먹죠?

파리가 파리채보다 더 무서워하는 것은 무엇일까요?

과학공화국의 딜리셔시티는 정말 맛있는 순대로 유명했다. 서로 자기가 원조라며 우겨대는 사람들도 많이 있었고. '원조 순대' 라는 간판을 단 곳만 수십 곳이었다. 점심 시간이나 식사 시간이 되면 순대 골목은 이곳의 순대를 맛보기 위해 전국 각지에서 몰려든 사람들로 넘쳐났다.

"이 동네 순대가 그렇게 맛있다며?"

"말이 필요 없지. 먹을 때마다 입 안에서 찰싹찰싹 감기는 맛이 장난이 아니래. 중독성도 은근히 강해서 한 번 젓가락을 들었다 하면 접시가 텅텅 빌 때까지 놓을 수가 없다고 하던데."

"그래서 친한 사람들이랑은 오지 않는 게 좋다고 하더라고. 같이 왔다가 서로 원수 돼서 돌아가는 일이 부지기수래."

"음, 그렇단 말이지. 그럼 우리도 각자 떨어지자고. 각자 알아서 먹고 다 먹고 나면 다시 여기서 만나는 게 어때?"

"나도 같은 생각이야. 우린 이럴 때만 텔레파시가 통하는군. 하하하!"

소문을 듣고 찾아오는 손님들이 많아 순대 골목에 있는 가게들은 어느 곳 하나 빠지지 않고 모두 장사가 잘되었다. 그런데 요즘 들어 가게들마다 고민거리가 생겼다. 여름이 되어 날씨가 점점 더워지다 보니 어느 날인가부터 파리들이 들끓기 시작한 것이다. 결국에는 도무지 안 되겠다 싶었는지 순대 골목 상인 협회의 회장인 진구수 씨가 모든 순대 가게 사람들을 불러 모았다.

"우리가 뭔가 대책을 세워야 하지 않겠소? 요즘 들어 파리가 점점 늘어나는데 이렇게 속수무책 앉아서 걱정만 할 순 없지 않소?"

"맞아요. 그렇지만 음식을 파는 곳이라 파리 때문에 약을 뿌릴 수도 없는 노릇이에요. 손님이 없는 시간에만 조심해서 약을 뿌려 봐도 아무런 소용이 없어요."

"그리고 파리가 너무 많다 보니까 손님들이 싫어하더라고요."

"휴우, 이젠 앵앵거리는 소리만 들어도 소름이 끼쳐요."

모두들 이렇다 할 방도를 찾지 못하고 걱정만 하고 있는데 갑자기 한 사람이 앞으로 나섰다. 이상한 모양의 선글라스를 끼고 앞뒤로는 까만 배낭을 메고 있었다.

"아니, 당신은 누구요? 우리 협회 사람은 아닌 것 같은데."

"헤헤헤, 저로 말씀드릴 것 같으면 여러분들의 걱정을 덜어드리기 위해 저 머나먼 곳에서 슈퍼맨처럼 나타난 약장사입니다."

"약장사라고? 우린 그런 거 관심 없으니까 그냥 가시오."

"제 이름이 약장사란 말씀이죠. 히히!"

기분 나쁘게 히죽히죽 웃으며 갑자기 나타난 불청객 때문에 모인 사람들은 조금씩 기분이 안 좋아졌다.

"자자, 지금부터 귀를 쫑긋 세우고 들으셔야 할 겁니다. 자아 샬라샬라……."

약장사 씨는 그때그때 다른 물건을 팔며 전국 이곳저곳을 떠도는 사람이었다. 그리고 얼마 전 딜리셔시티로 흘러 들어오게 되었는데, 허기진 배를 달래기 위해 순대 골목 안에서 순대를 먹고 있다가 사람들이 파리 때문에 걱정하는 것을 알게 되었다.

"자! 애들은 가라, 애들은 가. 날이면 날마다 오는 게 아니야. 이것만 있으면 이제 파리 걱정은 필요 없어요. 자……자, 골라! 골라! 없는 것 빼고는 색깔별로 다 있습니다."

약장사 씨의 말로는 자기에게 파리를 없애는 식물이 있다고 했다. 그냥 놓아두기만 하면 파리를 잡아먹어 없앤다는 것이었다. 이에 귀가 솔깃해진 사람들은 너도나도 앞 다투어 그 식물을 샀다. 뾰족한 방법이 없었기 때문에 지푸라기라도 잡자는 심정에 저마다 하나씩 사서 돌아갔다. 기대 이상으로 큰 수입을 얻게 된 약장사 씨는 헤벌레 웃으며 번 돈을 하나씩 세었다. 그런데 갑자기 덩치가 큰 사람들이 약장사 씨 앞을 가로막았다.

"어이쿠, 죄송합니다. 제가 앞을 안 봐서 그만. 헤헤, 그럼 이만."

"당신이 약장사인가?"

"당신들은 누구죠?"

그러자 그 중 가장 덩치가 큰 남자가 무언가를 척 내밀었다.

"파리약 업체 연합회? 아니, 그런데 나에겐 무슨 볼일이죠?"

"당신이 말도 안 되는 소리를 해 가며 사람들에게 이상한 식물을 팔았다고 하던데 사실인가? 에이…… 그런 거짓말을 하면 쓰나? 어떻게 식물이 파리를 없애나? 거짓말하면 산타 할아버지가 선물 안 주는데."

"……."

"그리고 사람들이 우리 파리약을 안 사게 되면 우리도 곤란하지, 안 그래?"

"사람 잘못 보셨는데요."

"아, 죄송합니다."

덩치와는 달리 멍청한 파리약 업체 연합회 사람이 너무도 어이 없게 속자 그 틈을 타 약장사 씨는 미꾸라지처럼 빠져나가 도망을 쳤다.

"에잇, 속았군. 잘도 도망을 쳤겠다. 그렇지만 그래 봤자 부처님

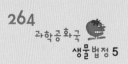

손바닥 안이지. 따끔하게 타일러서 보내려고 했더니 안 되겠군."

　그 길로 곧장 생물법정을 찾은 파리약 업체 연합회 사람들은 약장사 씨가 사람들에게 파리를 없애는 식물이 있다고 거짓말을 한다며 사기죄로 고소를 하였다.

식충 식물은 부족한 질소를 공급 받기 위해
곤충을 잡아먹는 것입니다.

파리를 없애는 식물은 무엇일까요?
생물법정에서 알아봅시다.

🐐 원고 측 변론하세요.

🐐 전의 벌레잡이통풀이 벌레를 잡아먹는다고
하였지만 이번에 상인들이 샀던 식물은 벌
레잡이통풀이 아니라고 합니다. 그러면 또 벌레를 잡아먹는
식물이 있다는 겁니까? 판사님!

🐐 전에 나왔던 증인이 식충 식물 전문가였어요. 식충 식물 중에
벌레잡이통풀이 있었고.

🐐 식충 식물 전문가랑 이번 사건이 무슨 관련이 있죠?

🐐 생각하기를 싫어하는 건지, 원. 식충 식물이라는 식물들이 있
고 그 중 하나가 벌레잡이통풀이 있었으니 다른 식물도 있을
지 모른다는 말이죠. 내가 다 변론을 하는 것 같네.

🐐 아하하, 그런 겁니까? 그런데 상인들에게 판 식물이 식충 식
물이 아닐 수도 있잖습니까?

🐐 그럼 그렇게 변론을 하던가요.

🐐 역시 판사님, 최고!

🐐 으이구! 더 들어볼 필요도 없을 것 같군요. 피고 측 변론하
세요.

식충 식물 전문가 자바라 씨를 증인으로 요청합니다.

잎이 닫혔다 열렸다 하는 장식이 달린 모자를 쓴 자바라
씨가 증인석에 앉았다.

 식충 식물이란 무엇인가요?

 말 그대로 곤충이나 벌레를 잡아먹는 식물을 말합니다.

 식물은 스스로 양분을 만든다고 하는데 굳이 곤충을 잡아먹
을 필요가 있을까요?

 아닙니다, 식충 식물은 벌레를 잡아먹어야 살 수 있습니다.

 왜 그런 것이죠?

 식충 식물이 사는 곳은 보통 식물이 살기에 매우 힘든 곳입니
다. 식물이 살기 위해서 필요한 물질 중에 '질소'가 있는데 질
소를 식물들이 이용할 수 있게 바꾸는 식물이 있습니다. 그런
데 그 식물마저 식충 식물이 사는 곳에서는 살 수 없으니 식
충 식물은 질소를 공급 받지 못합니다. 따라서 곤충을 잡아먹
음으로써 질소를 보충하는 것이죠.

 이것이 약장사 씨가 상인들에게 판 식물이라고 합니다. 식충
식물입니까?

 네, 식충 식물 맞습니다. 이 식물의 이름은 파리지옥이라고
합니다.

파리를 잡아먹으니 파리에게는 지옥이나 마찬가지군요. 재밌
는 이름이에요.

그렇죠? 여기 조개처럼 벌어진 두 잎에는 곤충이 온 것을 감
지할 수 있는 6개의 털이 있습니다. 이것을 건드리면 갑자기
잎이 닫혀 버리죠. 시범을 보여 드리겠습니다.

자바라 씨가 살아 있는 파리를 파리지옥에 넣었더니 파리지옥의 잎이 딱 닫혀 버렸다. 파리가 버둥댈수록 더 세게 닫혔다.

파리지옥은 안에 있는 곤충이 더 버둥댈수록 잎을 더 세게 닫습니다. 그 후 소화액을 분비하여 곤충을 녹입니다.

파리지옥이 사는 곳은 어디입니까?

주로 이끼가 낀 습지에서 자랍니다.

식충 식물은 부족한 질소를 공급 받기 위해 곤충을 잡아먹고 사는 식물입니다. 약장사가 상인들에게 판 파리지옥은 조개처럼 생긴 잎에 6개의 감각털이 있어 곤충이 닿으면 바로 잎을 닫아 버립니다. 그 후 소화액을 분비하여 곤충을 녹입니다.

파리지옥은 파리가 조개처럼 생긴 잎 안의 감각모를 건드렸을 경우 갑자기 잎을 닫아 버려 파리를 잡아먹습니다. 따라서

파리지옥

파리지옥은 이끼가 낀 습지에서 자란다. 높이 20~30cm이다. 비늘줄기처럼 생긴 뿌리줄기가 있으며 줄기는 곧게 선다. 잎은 4~8개가 뿌리에서 돋아나고, 길이 3~12cm이며, 잎자루에 넓은 날개가 있다. 잎은 둥글고 끝이 오므라들며 가장자리에 가시 같은 긴 털이 난다. 주맥을 중심으로 양쪽이 닫혀져 조개처럼 잘 합쳐진다. 잎에는 많은 선이 있어 벌레들을 유혹하고 세 쌍의 감각모가 있어서 그중의 어느 것이든지 벌레가 두 번 닿게 되면 잎의 양면이 갑자기 닫히며, 안쪽에 돋은 선에서 산과 소화액을 분비하여 벌레를 분해, 흡수한다. 꽃은 6월에 흰색으로 피는데 꽃줄기 끝 부분에 10개 정도의 꽃이 달린다.

이 식물은 파리를 잡아 주는 효과가 있으며 파리지옥을 판 약
장사 씨는 사기를 치지 않았습니다.

판결 후 입 소문을 통해 약장사 씨에게 파리지옥을 사려는 사람
들이 늘었고 약장사 씨는 돈방석에 앉게 되었다.

물가·물속에 사는 동·식물

땅 위에서 자라는 식물들은 흙의 영향만 받지만 물속에서 사는 식물들은 물과 흙의 영향을 받지요. 즉 물이 흐르는가, 고여 있는가, 물이 맑은가, 바닥이 진흙인가, 모래인가에 따라 식물의 종류가 달라지죠. 또한 물속에서 사는 식물들은 물의 깊이에 따라 다음과 같이 나뉘죠.

- 뿌리와 줄기의 일부만 물속에 잠겨 있는 것
- 몸 전체가 물속에 잠겨 있는 것
- 물 위에 떠다니는 것

이들 물속 식물들은 물속에서도 견딜 수 있도록 적은 양의 산소로도 살아갈 수 있죠.

바닷속 식물

바닷물 속에도 많은 종류의 식물들이 살고 있죠. 바다 식물을 바닷말 또는 해조류라고 하는데 이들 주위에는 산소가 많아 물고기들이나 조개가 많이 모여들죠.

바닷말은 태양 빛을 흡수하는 정도에 따라 여러 가지 색깔을 내죠.

- **녹조류**: 녹색을 띠고 있고 얕은 곳에 살죠. 예를 들면 청각, 갈 파래, 구멍갈파래 등이 있죠.
- **갈조류**: 갈색을 띠고 약간 깊은 곳에 살죠. 예를 들면 미역, 다 시마, 모자반, 톳 등이 있죠.
- **홍조류**: 붉은색을 띠며 아주 깊은 곳에서 살죠. 예를 들면 김이 나 우뭇가사리가 있죠.

산호

산호는 색이 화려하여 '바다의 꽃'이라 불리죠. 옛날 사람들은 산호가 아름다운 꽃을 닮아 정말 식물이라고 생각하기도 했어요. 하지만 산호는 식물이 아닌 동물이에요. 사람들은 옛날부터 산호 를 이용하여 여러 가지 물건을 만들어 쓰기도 했답니다. 유럽에서 는 기사들이 칼자루에 장식을 하는 데 썼는가 하면, 우리나라에서 는 산호를 일곱 가지 보물 중의 하나로 여겨 여자들의 노리개나 비 녀 같은 패물로 만들어 몸에 지니고 다녔죠.

산호는 항문이 따로 없기 때문에 소화시키고 남은 찌꺼기를 다시 입으로 내보내죠. 산호가 좋아하는 먹이는 동물성 플랑크톤처럼 아주 작은 생물이나 게, 새우, 작은 물고기 등이죠. 그런데 이러한 먹이들은 바닷물이 흐르면서 가져다주기 때문에 이동할 필요가 없어요. 하지만 먹이를 찾아 이동하는 것들이 있기는 하죠. 산호의 일종인 말미잘이나 바다조름 같은 것들은 모래나 진흙 속에 살면서 조금씩 옮겨 다니죠.

산호는 맑고 깨끗한 바다에서만 살아요. 대부분이 몸을 바위에 단단히 붙이고 있기 때문에 물살이 세게 흐르면 바다 속 다른 식물들은 휘어지고 어린 물고기들은 숨기에 바쁘지만 산호는 걱정 없답니다.

바다 속에는 산호와 비슷하게 생긴 동물이나 식물들이 많아요. 하지만 산호와 닮았다고 해서 모두 산호는 아니에요. 산호를 다른 동물과 구별하게 하는 것이 바로 촉수의 수죠. 촉수의 수가 여덟 개나 6의 배수가 아니면 산호가 아니죠.

이처럼 산호는 촉수가 반드시 여덟 개나 6의 배수로 되어 있기 때문에 분류할 때도 팔방산호 무리와 육방산호 무리로 나눈답니다. 팔방산호는 촉수가 여덟 개이고 몸속도 여덟 개의 격막으로 나뉘어져 있죠. 팔방산호에는 연산호 무리와 부채뿔산호가 있고 이 중 연산호 무리는 몸에 뼈대가 없어 몸 바깥쪽에 있는 작은 가시가 몸을 받쳐 준답니다. 부채뿔산호는 부채 모양같이 생겨서 붙여진 이름인데 뼈대가 있어 거센 물살에도 부러지지 않아요. 우리나라에 많이 사는 팔방산호 무리는 바다맨드라미, 부채뿔산호, 바다조름 등이죠.

벌레잡이 식물

벌레잡이 식물은 벌레를 잡아먹는 무시무시한 식물이죠. 이들은 주로 산성 토양에서 잘 자라죠. 벌레잡이 식물들은 광합성을 하기 위하여 필수적으로 요구되는 엽록소가 없어서 곤충이나 작은 동물을 잡은 후 소화 효소로 분해하여 필요한 영양분을 얻지요.

유명한 벌레잡이 식물에는 다음과 같은 것들이 있죠.
- 파리지옥
- 벌레잡이통풀
- 끈끈이주걱: 세계적으로는 한국·중국·일본·대만·만주·아무르·사할린에 분포하며, 국내에는 서울·강원·

전남·경남·경북·경기 이북 등지에 분포합니다. 끈끈이주걱은 대표적인 식충 식물로 날벌레 등을 제법 잘 잡으며 파리 정도의 큰 먹잇감은 5시간 정도에 걸쳐 돌돌 말아 먹죠. 봄부터 늦은 가을까지 핑크빛 꽃이 계속 올라오며 절대 죽지 않는다는 부활의 여신이라는 별명에서 말해 주듯 죽었다가도 썩은 뿌리에서 다시 새순을 돋게 합니다.

- 물레방아풀: 유럽과 오스트레일리아, 아프리카에 서식하며 연못 속에 살면서 작은 생물들을 잡아먹죠. 먹이를 잡는 방법은 작은 생물이 방아쇠털을 계속해서 두 번 건드리면 잎의 양옆이 닫히고 생물은 물레방아풀 속으로 흡수되어 죽는답니다.

- 코브라백합: 미국에 주로 서식하며 마치 공격하려고 머리를 쳐들고 있는 코브라를 닮았다 하여 코브라백합이라는 이름이 붙여졌어요.

    코브라백합이 곤충을 획득하는 방법은 바로 빛이에요. 코브라백합은 코브라 머리 모양의 뒤통수에 창문 모양의 구멍이 있는데, 주위를 날아다니는 작은 벌레들은 이 창문에서 나오는 햇빛에 속게 됩니다. 곤충들은 혓바닥 모양의 이파리 아래의 구멍으로 들어가다가 소화액 연못으로 떨어져 코브라백합의 먹이가 되고 말지요.

생물과 친해지세요

이 책을 쓰면서 좀 고민이 되었습니다. 과연 누구를 위해 이 책을 쓸 것인지 난감했거든요. 처음에는 대학생과 성인을 대상으로 쓰려고 했습니다. 그러다 생각을 바꾸었습니다. 생물과 관련된 생활 속의 사건이 초등학생과 중학생에게도 흥미 있을 거라는 생각에서였지요.

초등학생과 중학생은 앞으로 우리나라가 21세기 선진국으로 발전하기 위해 필요로 하는 과학 꿈나무들입니다. 그리고 최근 생명과학의 시대에 가장 큰 기여를 하게 될 과목이 바로 생물학입니다. 하지만 지금의 생물 교육은 직접적인 관찰 없이 교과서의 내용을 외워 시험을 보는 것이 성행하고 있습니다. 과연 우리나라에서 노벨 생리의학상 수상자가 나올 수 있을까 하는 의문이 들 정도로 심각한 상황에 놓여 있습니다.

저는 부족하지만 생활 속의 생물학을 학생 여러분들의 눈높이에

맞추고 싶었습니다. 생물학은 먼 곳에 있는 것이 아니라 우리 주변
에 있다는 것을 알리고 싶었습니다. 생물 공부는 논리에서 시작됩
니다. 올바른 관찰은 생물에 대한 정확한 정보를 줄 수 있기 때문
입니다.